普通高等教育“十二五”创新型规划教材·电工电子实验精品系列

电工学实验教程

赵　明　主　编
刘大力　李　云　副主编
苏晓东　张晓兰　主　审

哈爾濱工業大學出版社

内 容 简 介

本书共分 6 章，内容包括电工电子实验基础知识、常用电子仪器仪表的使用、电工实验、模拟电子技术实验、数字逻辑实验和电工电子综合实验。全书包含了电工学课程中电工技术和电子技术 18 个基本实验和 10 个综合实验。

本书可作为普通高等学校和专科学校学生学习电工学课程的实验和实践教材，也可作为高职高专院校相关实习及设计的辅助教材，并可作为相关技术人员的参考书。

图书在版编目(CIP)数据

电工学实验教程/赵明主编. —哈尔滨：哈尔滨工业大学出版社，2013.7(2014.7 重印)

ISBN 978－7－5603－4168－2

Ⅰ.①电…　Ⅱ.①赵…　Ⅲ.①电工实验－高等学校－教材　Ⅳ.①TM－33

中国版本图书馆 CIP 数据核字(2013)第 161101 号

策划编辑　王桂芝　任莹莹
责任编辑　李长波
出版发行　哈尔滨工业大学出版社
社　　址　哈尔滨市南岗区复华四道街 10 号　邮编 150006
传　　真　0451－86414749
网　　址　http://hitpress.hit.edu.cn
印　　刷　哈尔滨工业大学印刷厂
开　　本　787mm×1092mm　1/16　印张 10　字数 248 千字
版　　次　2013 年 7 月第 1 版　2014 年 7 月第 2 次印刷
书　　号　ISBN 978－7－5603－4168－2
定　　价　25.00 元

普通高等教育“十二五”创新型规划教材

电工电子实验精品系列

编　委　会

序

电工、电子技术课程具有理论与实践紧密结合的特点，是工科电类、非电类各专业必修的技术基础课程。电工、电子技术课程的实验教学在整个教学过程中占有非常重要的地位，对培养学生的科学思维方法、提高动手能力、实践创新能力及综合素质等起着非常重要的作用，有着其他教学环节不可替代的作用。

根据《国家中长期教育改革和发展规划纲要(2010～2020)》及《卓越工程师教育培养计划》"全面提高高等教育质量"、"提高人才培养质量"、"提升科学研究水平"、支持学生参与科学研究和强化实践教学环节的指导精神，我国各高校在实验教学改革和实验教学建设等方面也都面临着更大的挑战。如何激发学生的学习兴趣，通过实验、课程设计等多种实践形式夯实理论基础，提高学生对科学实验与研究的兴趣，引导学生积极参与工程实践及各类科技创新活动，已经成为目前各高校实验教学面临的必须加以解决的重要课题。

长期以来实验教材存在各自为政、各校为政的现象，实验教学核心内容不突出，一定程度上阻碍了实验教学水平的提升，对学生实践动手能力的培养提高存有一定的弊端。此次，黑龙江省各高校在省教育厅高等教育处的支持与指导下，为促进黑龙江省电工、电子技术实验教学及实验室管理水平的提高，成立了"黑龙江省高校电工电子实验教学研究会"，在黑龙江省各高校实验教师间搭建了一个沟通交流的平台，共享实验教学成果及实验室资源。在研究会的精心策划下，根据国家对应用型人才培养的要求，结合黑龙江省各高校电工、电子技术实验教学的实际情况，组织编写了这套"普通高等教育'十二五'创新型规划教材·电工电子实验精品系列"，包括《模拟电子技术实验教程》《数字电子技术实验教程》《电路原理实验教程》《电工学实验教程》《电工电子技术 Multisim 仿真实践》《电子工艺实训指导》《电子电路课程设计与实践》《大学生科技创新实践》。

该系列教材具有以下特色：

1.强调完整的实验知识体系

系列教材从实验教学知识体系出发统筹规划实验教学内容，做到知识点全面覆盖，杜绝交叉重复。每个实验项目只针对实验内容，不涉及具体实验设备，体现了该系列教材的普适通用性。

2.突出层次化实践能力的培养

系列教材根据学生认知规律，按必备实验技能—课程设计—科技创新，分层次、分类型统一规划，如《模拟电子技术实验教程》《数字电子技术实验教程》《电工学实验教程》《电路原理实验教程》，主要侧重使学生掌握基本实验技能，然后过渡到验证性、简单的综合设计性实验；而《电子电路课程设计与实践》和《大学生科技创新实践》，重点放在让学生循序渐进掌握比较复杂的较大型系统的设计方法，提高学生动手和参与科技创新的能力。

3. 强调培养学生全面的工程意识和实践能力

系列教材中《电工电子技术 Multisim 仿真实践》指导学生如何利用软件实现理论、仿真、实验相结合，加深学生对基础理论的理解，将设计前置，以提高设计水平；《电子工艺实训指导》中精选了 11 个符合高校实际课程需要的实训项目，使学生通过整机的装配与调试，进一步拓展其专业技能。并且系列教材中针对实验及工程中的常见问题和故障现象，给出了分析解决的思路、必要的提示及排除故障的常见方法，从而帮助学生树立全面的工程意识，提高分析问题、解决问题的实践能力。

4. 共享网络资源，同步提高

随着多媒体技术在实验教学中的广泛应用，实验教学知识也面临着资源共享的问题。该系列教材在编写过程中吸取了各校实验教学资源建设中的成果，同时拥有与之配套的网络共享资源，全方位满足各校实验教学的基本要求和提升需求，达到了资源共享、同步提高的目的。

该系列教材由黑龙江省十几所高校多年从事电工电子理论及实验教学的优秀教师共同编写，是他们长期积累的教学经验、教改成果的全面总结与展示。

我们深信：这套系列教材的出版，对于推动高等学校电工电子实验教学改革、提高学生实践动手及科研创新能力，必将起到重要作用。

教育部高等学校电工电子基础课程教学指导委员会副主任委员
中国高等学校电工学研究会理事长
黑龙江省高校电工电子实验教学研究会理事长
哈尔滨工业大学电气工程及自动化学院教授

2013 年 7 月于哈尔滨

前　言

《电工学实验教程》是在黑龙江省教育厅高教处的统一立项和指导下，在黑龙江省电工电子实验教学研究会的统一组织下，总结黑龙江省各高校多年来的电工学实践教学改革经验，跟踪电工电子技术发展新趋势，针对加强学生实践能力和创新能力培养的教学目标，并结合以往电工电子系列实验讲义和参阅相关资料编写完成。本教程侧重科学实验方法的学习，加强基本电工实验技能的训练，加深对电工实验技术的了解，强调学生在整个实验过程中的参与。

全书共分 6 章，涉及电工技术、模拟电子技术、数字电子技术等电工电子综合应用技术方面的知识，内容丰富充实、系统全面，实验编排强调基础性，突出综合性和设计性。本书可作为高等院校电工学课程实验教学用书，也可供有关专业的专科学生和科技人员使用和参考。

第 1 章介绍常用电工电子元器件、测量的基础知识、测量误差分析、实验数据处理方法以及安全用电常识；第 2 章介绍电工学实验所涉及的测量仪器仪表及使用方法；第 3 章为电工实验部分，收录了包括戴维宁定理、交流参数测试、三相电路、一阶电路响应、电机启动和正反转 5 个实验；第 4 章为模拟电子技术实验部分，收录了包括单晶体管交流放大电路、负反馈放大电路、集成运算放大器信号运算功能实验、波形发生器设计与调试、集成稳压电源和晶体管串联稳压电源共 6 个实验；第 5 章为数字电路实验部分，收录了基本门电路逻辑关系的测试、小规模组合逻辑电路设计实验、中规模组合逻辑电路设计实验、触发器实验、555 定时器应用实验、计数器和寄存器设计实验 7 个实验；第 6 章为综合实验部分，共收录了电机的顺序控制、电机行程控制与时间控制、晶体管电路设计、温度控制电路、基于 8038 的函数信号发生器的设计、基于 SG3524 的开关稳压电源设计、数字电子钟、循环彩灯、倒计时电路和汽车尾灯控制电路 10 个综合实验题目。实验之后都设置了思考题目，供学生在课余时间进行理论研究和开放实验时参考。

参加本书编写的人员均为多年从事电工电子基础教学和实验指导的一线教师和实验指导

教师，其中第 1 章由东北林业大学刘大力、王立峰编写；第 2 章由哈尔滨商业大学金浩编写；第 3 章、第 4 章、第 5 章由哈尔滨商业大学赵明、李云、董世成编写；第 6 章由东北林业大学刘大力、王立峰、袁得春编写。本书由哈尔滨商业大学苏晓东教授和张晓兰教授主审。

本书在编写过程中得到了黑龙江省各高校电工电子教学专家的指导和帮助，在此一并表示感谢！由于笔者研究水平和资料查阅范围有限，书中疏漏之处在所难免，敬请广大读者批评指正。

编　者

2013 年 5 月

目　录

第1章　电工电子实验基础知识

1.1　概　论

1.1.1　实验教学基本要求

(1) 确定实验内容,选定最佳的实验方法和实验电路,拟定合理的实验步骤,正确选择仪器设备和元器件;对于常规实验可设计制作实验板,并在学生实验之前进行电路的调试验证。

(2) 能正确选择并指导学生使用常用电工仪表、电子仪器及电工设备。

(3) 通过实验使学生能独立连接实验线路,培养检查和排除电路中简单故障的能力。

(4) 培养学生掌握测试技术、实验方法、处理实验数据及分析误差的能力。

(5) 培养学生独立写出科学严谨、有理论根据、文理通顺及误差分析准确的实验报告。

1.1.2　实验操作要求

1. 预习要求

(1) 熟悉实验室各项管理制度和安全操作规程。

(2) 在每次实验前认真阅读实验指导书,复习有关实验的基本原理,了解有关器件及仪器设备的使用方法,明确实验目的、意义和实验要求。

(3) 根据实验要求,掌握实验原理、了解实验步骤、画好实验线路图和实验中需要记录的数据表格。

(4) 按要求完成预习报告,必须携带实验指导书和预习报告方可进入实验室进行实验。

2. 实验操作

(1) 进入实验室后首先根据实验内容准备好实验所需的仪器设备和元器件,并合理摆放。

(2) 按实验方案和实验步骤要求先调试电源及检测仪器仪表,然后连接实验电路。

(3) 严禁带电接线、拆线或改接线路。实验线路接好,检查无误后方可接通电源进行实验。

(4) 若发现异常现象,如发生焦味、冒烟故障,应立即切断电源,保护现场,并报告指导老师和实验室工作人员,排除故障后再继续实验操作。

(5) 要认真记录实验数据,独立思考,培养独立解决实验中遇到问题的能力。

(6) 若发生仪器设备损坏情况,必须立即报告老师,并按实验室有关规定进行处理。

(7) 实验结束时,应将记录结果交给老师审阅签字。经老师同意后方可拆除线路,清理现场。

3. 实验中故障的分析与处理

实验过程中产生故障的原因一般归纳为以下四个方面:操作不当(如布线错误等)、设计不当(如电路设计缺陷等)、元器件使用不当或功能不正常、仪器本身出现故障。上述四点应作为检查故障的主要原因,下面介绍几种常见故障检查方法。

(1) 直观检查。在实验中大部分故障都是由于布线错误或电路虚接引起的,因此,在故障发生时,复查电路连线是排除故障的有效方法。检查电源线、地线、元器件引脚之间有无短路,连接处有无接触不良,信号线的连接有无漏线、错线,导线是否内部断开等。

(2) 观察法。用万用表或示波器等检测仪器仪表对电路中的某部分电压或波形进行测量,观察有无异常反应。对有极性的元件(例如:二极管、晶体管、电解电容等)检查极性是否接反,然后对某一故障状态进行分析,排除故障。

(3) 信号注入法。在电路的某一部分或者某一级输入端加上特定信号,观察该部分电路的输出响应,从而确定该级是否有故障,必要时可以切断周围连线,避免相互影响。

(4) 替换法。对于多输入端器件,如有多余端则可调换另一输入端试用。必要时可更换器件,以检查是否为器件功能不正常所引起的故障。

以上检查故障的方法,是在仪器工作正常的前提下进行的,判断和排除故障应根据课堂所掌握的基本理论和实验原理进行分析和处理。

1.1.3 实验报告要求

(1) 进入实验室进行实验之前必须把实验题目、实验目的和意义、实验原理、实验原理图和所有计算值填写在实验报告相应的栏目及表格中。

(2) 整理实验数据,需要经过计算才能进行后续实验的数据要在实验过程中完成。将实验中测量的数据按照误差理论要求进行数据分析和处理,得出实验结论。

(3) 曲线必须画在坐标纸上,由曲线得出的数据可以在实验后完成。

(4) 实验结果分析及实验结论要根据实验结果给出,决不允许按照理论结果伪造实验数据。

(5) 总结实验中的故障排除情况及体会。

1.2 常用元器件简介

1.2.1 电阻器

电阻器简称电阻,是电工电子线路中应用非常广泛的元器件之一。它在电路中主要是稳定和调节电路中的电压和电流,作为放大器的负载,起限流、分流、分压和阻抗匹配等作用。

1. 电阻器的种类

电阻器的种类很多,从原理上分为固定电阻器、可变电阻器和敏感电阻器;从材料上分为碳膜电阻器、金属膜电阻器、金属氧化膜电阻器和合成膜电阻器等;从制作工艺上又分为线绕电阻器、陶瓷电阻器、水泥电阻器、薄膜电阻器、厚膜电阻器和玻璃釉电阻器等;从用途上可分为通用电阻器、高压电阻器、高阻电阻器、高频电阻器、精密电阻器和无感电阻器等。

电位器是一种具有 3 个端头且电阻值可调整的电阻器。在使用中，通过调节电位器的转轴，不但能使电阻值在最大与最小之间变化，而且还能调节滑动端头与两个固定端头之间的电位高低，故称电位器。

电位器的种类较多，并各有特点。按所使用的电阻材料分为碳膜电位器、碳质实芯电位器、玻璃釉电位器和线绕电位器等。

部分常用电阻器外形图如图 1.1 所示。

(a) 几种电阻器

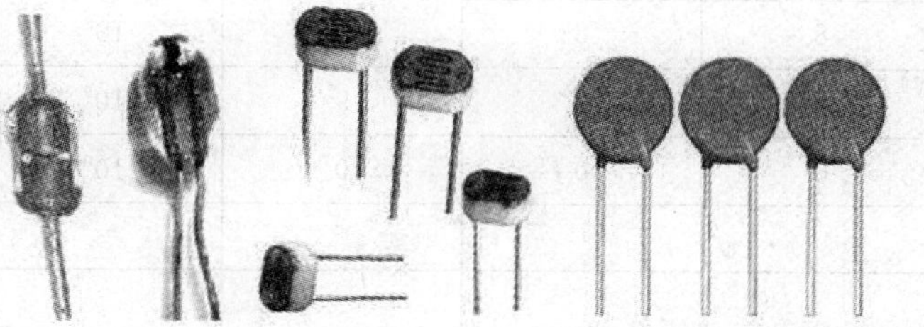

(b) 热敏电阻、光敏电阻、压敏电阻

(c) 几种电位器

图 1.1 各种电阻器外形图

部分常用电阻器的图形符号如图 1.2 所示。

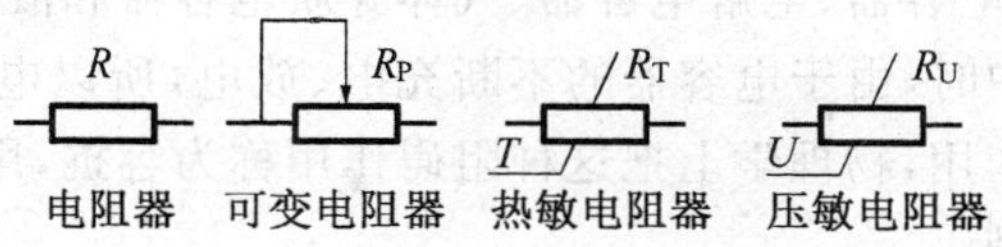

图 1.2 常用电阻器的图形符号

2. 电阻器的主要性能参数

电阻器的性能参数有额定功率、标称阻值、阻值允许偏差、最高工作电压、温度特性、最高工作温度和高频特性等。

电阻器阻值的标志方法有：

(1) 直标法。用文字、数字或符号电阻直接打印在电阻体上，阻值的整数部分标在阻值单位符号的前面，阻值的小数部分标在阻值单位符号的后面。

(2) 色标法。色标法又称色环表示法，即用不同颜色的色环涂在电阻器上，用来表示电阻器的阻值及误差等级。色环法有两种表示法：一种是阻值为三位有效数字，共五个色环；另一种是阻值为二位有效数字，共四个色环。右侧最后环表示误差，右侧第二环表示位率，即在有效数字后面乘位率 10^i。五环电阻各色环所代表的含义见表 1.1。

表 1.1　五环电阻各色环所代表的含义

颜色	第一环	第二环	第三环	乘数	误差
棕	1	1	1	10^1	±1%
红	2	2	2	10^2	±2%
橙	3	3	3	10^3	
黄	4	4	4	10^4	
绿	5	5	5	10^5	±0.5%
蓝	6	6	6	10^6	±0.25%
紫	7	7	7	10^7	±0.10%
灰	8	8	8	10^8	±0.05%
白	9	9	9	10^9	
黑	0	0	0	10^0	
金					±5%
银					±10%
无					±20%

1.2.2　电容器

电容器是一种储能元件，在线路中，电容器担负着隔直流、储存电能、旁路、耦合、滤波、谐振和调谐等任务。电容器用符号 C 表示。电容的基本单位是法拉，简称法(F)，此外还有 mF(毫法)、μF(微法)、nF(纳法) 和 pF(皮法)。它们之间的具体换算如下：

$$1\ \text{F} = 1\,000\ \text{mF} = 10^6\ \mu\text{F},\quad 1\ \mu\text{F} = 1\,000\ \text{nF} = 10^6\,\text{pF}$$

电容器按结构可分为固定电容器、可变电容器和微调电容器；按介质材料可分为无机固体介质电容器、有机固体介质电容器、电解电容器、气体介质电容器和液体介质电容器。

电容器接入交流电路中时，由于电容器的不断充电、放电，所以电容器极板上所带电荷对定向移动的电荷具有阻碍作用，物理学上把这种阻碍作用称为容抗，用字母 X_c 表示。

1. 电容器标称值的识别

(1) 电解电容器。电解电容器有正负极，管脚短的为负极，管脚长的为正极。从电容器侧面可以读出电容的容值和耐压值。

(2) 其他电容。

① 直接标称法。即用文字、数字、符号直接打印在电容器上的方法，用 2～4 位数字表示电容量的有效数字，再用字母表示数值的量级，带小数点为 μF。

如：1p2 表示 1.2 pF，3μ3 表示 3.3 μF，0.22 表示 0.22 μF。

② 数码表示法。一般用三位数字，前两位为容量有效数字，第三位是倍乘数，若第三位是 9，表示 $\times10^{-1}$，单位一律是 pF。如 103 表示 $10\times10^3=10^4$ pF，479 表示 $47\times10^{-1}=4.7$ pF。

图 1.3 所示为实验室最常见的电解电容和陶瓷电容。

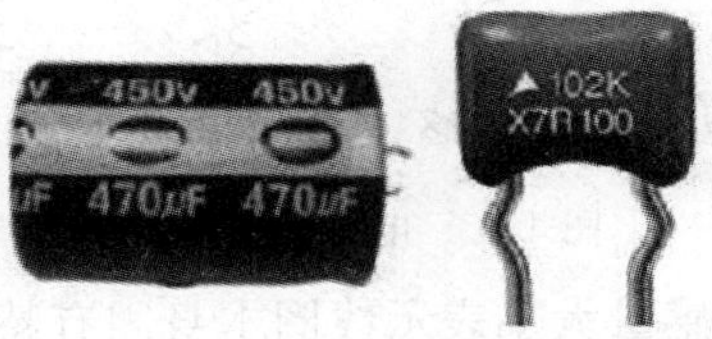

图 1.3　电解电容和陶瓷电容外形图

2. **电容器在使用时应注意的问题**

(1) 电容器在使用前应先进行外观检查，检查电容器引线是否折断，表面有无损伤，型号、规格是否符合要求，电解电容引线根部有无电解液渗漏等。然后用指针型万用表检查电容器有无充放电过程、是否有漏电以及有无内部短路或击穿现象，也可以用数字万用表电容测量挡位测量电容值来检查电容器是否符合要求。

(2) 电容器两端的电压不能超过电容器本身的工作电压。电解电容器必须注意正、负极性，不能接反。

(3) 检测 0.022 μF 以下的小容量电容，因其容量太小，用万用表 $R\times10$ k(高阻) 挡，只能定性地检查其是否有漏电、内部短路或击穿现象。测试时表针有轻微摆动，说明良好。

1.2.3　电感器

电感器简称电感，是用绝缘导线(漆包线、纱包线等) 绕制而成的电磁感应元件，是电子电路中常用的元器件之一。电感器件可分为两大类，一类是应用自感作用的电感线圈，另一类是应用互感作用的变压器。

1. **电感的分类**

电感器的种类很多，按其结构不同，可分为线绕式电感器和非线绕式电感器；按电感量是否可调，可分为固定电感器和可调电感器；按工作频率不同，可分为高频电感器、中频电感器和低频电感器；按工作性质可分为振荡电感器、扼流电感器、偏转电感器、补偿电感器、隔离电感器和滤波电感器等。

图 1.4 为几种电感的外形图。

图 1.4　电感的外形图

电感器的符号如图 1.5 所示。

2. **电感器的主要性能指标**

电感器的性能指标包括电感量、允许误差、感抗、品质因数和额定电流等。

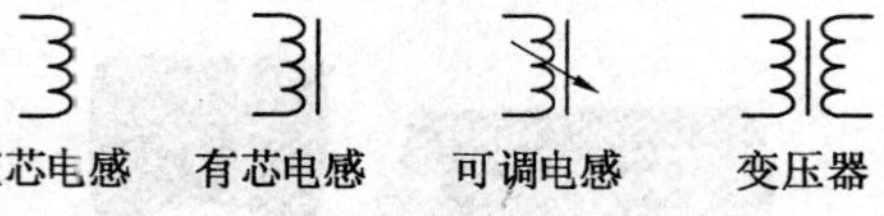

图 1.5　电感器的符号

(1) 标称电感量。标注的电感量大小表示线圈本身固有特性，主要取决于线圈的圈数、结构及绕制方法。

(2) 感抗 X_L。电感器对交流电流阻碍作用的大小称感抗，用符号 X_L 表示，单位是欧姆。它与电感量 L 和交流电频率 f 的关系为 $X_L = 2\pi fL$。

(3) 品质因数。品质因数也称 Q 值，是衡量电感器质量的一个物理量，Q 为感抗 X_L 与其等效的电阻的比值，即 $Q = X_L/R$。电感器的 Q 值越高，回路的损耗越小。

(4) 额定电流。额定电流是指允许通过电感器的最大直流电流，主要对高频电感器和大功率电感器而言。

3. 电感器的选用

选用电感器需考虑其性能参数(如电感量、额定电流等)是否符合电路要求。电感器的绕线，在电流通过后容易形成电磁场。在元件位置摆放时，需注意使相邻电感器彼此远离，或电感线圈的轴线互成直角，以减少相互间的感应量，必要时在电感性元件上加屏蔽罩。

1.2.4　二极管

二极管具有单向导电性，可以用于整流、检波、限幅、元件保护以及在数字电路中作为开关元件等。常用部分二极管图形如图 1.6 所示。

图 1.6　部分二极管图形

1. 二极管的分类

二极管按材料不同分为锗二极管、硅二极管和砷化镓二极管；按结构不同分为点接触型二极管和面接触型二极管；按用途分为整流二极管、检波二极管、变容二极管、稳压二极管、开关二极管、发光二极管、压敏二极管、肖特基二极管、快恢复二极管和激光二极管等；按封装形式可分为玻璃封闭二极管、塑料封装二极管和金属封装二极管等；按工作频率可分为高频二极管和低频二极管等。

2. 二极管的主要参数

二极管特性参数主要有最大整流电流 I_F、最高反向工作电压 U_R、反向电流和最高工作频率 f_M 等。实际应用中，要根据电路具体情况，选择满足要求的二极管。

3. 二极管的检测

根据二极管单向导电性，通过万用表的二极管挡位或者电阻挡($R\times1$ k 或 $R\times100$ Ω)，分别用红表笔与黑表笔碰触二极管的两个极，表笔经过两次对二极管的交换测量，测量阻值较小，表明为正向电阻值，此时红表笔所接电极为二极管的正极，另一端为负极。通常小功率锗二极管的正向电阻值为 300 ～1 500 Ω，硅管为几千欧或更大些。锗管反向电阻为几十千欧，硅管在 500 kΩ 以上（大功率二极管的数值要大得多）。正反向电阻差值越大越好。

1.3　测量的基础知识

测量是指借助专门的设备或工具，为确定被测对象的量值而进行的实验过程。测量的结果一般由数值和单位两部分组成，如 3.12 V，5.6 mA。

1.3.1　电工电子测量技术的概念

电工电子测量技术是指利用电子技术进行的测量，主要包括元器件参数的测量，如电阻、电容及其他电子器件固有参数的测量；电路参数的测量，如电压、电流、功率、电路的频率特性、增益等的测量；信号特性的测量，如频率、相位、频谱、信噪比、信号波形和失真度等的测量。

1.3.2　电工电子技术常用测量方法

1. 电压的测量方法

电压是电路中最基本的参数之一，很多参数如电流、电压增益、功率等都可以从电压值派生出来。根据被测数据的性质、频率和测量精度等，选择不同的测量仪表。对一般直流电压值，可以用直流电压表或数字万用表的直流电压挡直接测得电压值。电压表必须和被测电路并联，且具有高的内阻。对于交流信号，应使用电磁式电压表。对于正弦波信号，还可以用指针或数字交流毫伏表直接测得有效值。

2. 电流的测量方法

电流的测量方法可分为直接测量法和间接测量法。

(1) 直接测量法。直接测量法即使用电流表串联在电路中，进行电流值的测量。测量直流电流通常使用磁电式电流表，测量交流电流主要采用电磁式电流表。应注意电流表的正负接线柱的接法要正确：电流从正接线柱流入，从负接线柱流出；被测电流不要超过电流表的量程；不允许不经过用电元器件把电流表直接连到电源的两极上。

(2) 间接测量法。对于直流电流，还可根据被测电路负载上的电压和阻值换算出来，如晶体管放大电路测量静态工作点 I_C，可以通过测量 R_C 两端的电压，然后除以 R_C 的阻值得到。

3. 功率的测量方法

功率是一个重要的参数，主要指电源提供的功率和电路消耗的功率两大类。电路消耗的功率是指通过电器的电流与在用电器上产生的电压降之积，即 $P=UI$，也可通过用电器的等效电阻来换算，即 $P=I^2R$ 或者 $P=U^2/R$。一般情况下，电源提供的功率等于用电器消耗的功率。对于功率的测量，可以通过被测电路的电压和电流值或负载的等效电阻进行计算，还可以使用功率表，直接读取功率值。功率表主要由一个电流线圈和一个电压线圈组成，电流线圈与负载串联，反映负载的电流；电压线圈与负载并联，反映负载的电压。

1.3.3　数字电子技术常用测量方法

数字集成电路中，主要是判断逻辑门各端点间的逻辑关系，一般用到两种测试方法，一是静态测量法，主要包括用发光二极管、逻辑笔、万用表和 LED 数码管显示等方法进行逻辑状态的表示；二是动态测量法，使用示波器进行动态波形的显示和用逻辑分析仪进行测量等。

1.4 测量误差分析

1.4.1 测量误差的来源

在电路与电子技术实验中要用各种仪器仪表进行测量，由于测量方法不完善、测量仪器不准确、测量环境及测量人员的水平等因素的影响，在测量过程中结果和被测真值之间总存在差别，称为测量误差。

测量误差的来源主要有以下几个方面：

(1) 仪器仪表误差。这是由仪器仪表本身性能决定的。

(2) 使用误差(操作误差)。是指在测量过程中，由于对量程等的使用不当造成的误差。

(3) 读数误差。由于人的感觉器官限制所造成的误差。

(4) 方法误差(理论误差)。是指测量方法不完善，理论依据不严谨等引起的误差。

(5) 环境误差。由于受到环境的湿度、温度、气压、振动和电磁场等影响所产生的误差。

1.4.2 测量误差的分类

1. 系统误差

系统误差是指在相同条件下，多次测量同一量值时误差的绝对值和符号保持不变或按一定规律变化的误差。由于测量仪器本身不完善、测量仪器仪表使用不当、测量环境不同和读数方法不当等引起的误差均属于系统误差。

2. 随机误差(偶然误差)

随机误差是指在测量过程中误差的大小和符号都不固定，它具有偶然性。例如：噪声干扰、电磁场的微变、温度的变化等所引起的误差均属于随机误差。

3. 过失误差(粗大误差)

在一定测量条件下，测量值明显地偏离其真值所形成的误差。例如：由读数、记录、数据处理、仪表量程换算的错误等引起的误差。

1.4.3 测量误差的表示方法

1. 绝对误差

绝对误差是指测量值 A 与被测量的真值 A_0 之间的差值，用 ΔA 表示，即

$$\Delta A = A - A_0 \tag{1.1}$$

A_0 一般无法测得，测量中采用高一级标准仪器所测量的 A 值来代替真值 A_0。绝对误差的单位和被测量值的单位相同。

2. 相对误差

相对误差为绝对误差 ΔA 与被测量真值 A_0 之比，一般用百分数形式表示，即

$$r_A = \frac{\Delta A}{A_0} \times 100\% \approx \frac{\Delta A}{A} \times 100\% \tag{1.2}$$

3. 引用误差

引用误差为绝对误差 ΔA 与仪器量程的满刻度值 A_m 的比值，一般用百分数形式表示，即

$$r_m = \frac{\Delta A}{A_m} \times 100\% \quad (1.3)$$

1.4.4　测量结果的处理

测量结果一般由数值或曲线图表示，测量结果的处理主要是对实验中测得的数据进行分析，得出正确的结论。

测量中得到的实验数据都是近似数。因此，测量的数据就由可靠数字和欠准数字两部分组成，统称为有效数据。例如：用量程 100 mA 的电流表测量某支路电流时，读数为 78.4 mA，前面的“78”称为可靠数字，最后的“4”称为欠准数字，则 78.4 mA 的“有效数字”是 3 位。在用有效数字记录测量数据时，按以下形式正确表示：

(1) 在记录测量数值时，只保留一位欠准数字。

(2) 有效数字的位数与小数点无关，小数点的位置权与所用的单位有关。例如：380 mA 和 0.380 A 都是三位有效数字。“0”在数字中间和数字末尾都算为有效数字，而在数字的前面，则不算是有效数字。

(3) 当有效数字位数确定后，多余的位数按照舍入规则进行处理。

(4) 大数值与小数值要用幂的乘积的形式表示。例如：61 000 Ω，当有效数字的位数是 2 位时，则记为 6.1×10^4 Ω，当有效数字的位数是 3 位时，则记为 6.10×10^4 Ω 或 610×10^2 Ω。

(5) 一些常数量如 e、π 等有效数字的位数可以按需要确定。

(6) 表示相对误差时的有效数字，通常取 1 至 2 位，例如：±1%、±1.5%。

1.5　实验数据处理

1.5.1　测量结果的数据处理

测量数据处理是建立在误差分析的基础上的。在数据处理过程中，通过分析、整理引出正确的科学结论。常用的实验数据处理法为列表法和图示法。

1. 列表法

列表法是将在实验中测量的数据填写在经过设计的表格上，简单而明确地表示出各种数据以及数据之间的简单关系，便于检查对比和分析，这是记录实验数据最常用的方法。

2. 图示法

图示法是将测量的数据用曲线或其他图形表示的方法。图示法简明直观，易显示数据的极值点、转折点和周期性等，也可以从图线中求出某些实验结果。

1.5.2　曲线的处理

测量结果用曲线表示比数字或公式更形象和直观。在绘制曲线时应合理选择坐标和坐标的分度，标出坐标代表的物理量和单位。测量点的数量一般根据曲线的具体形状确定，每个测量点间隔要分布合理，应用误差原理，处理曲线波动，使曲线变得光滑均匀符合实际要求。

1.5.3 对电子电路实验误差分析与数据处理应注意几点

1. 使用表格时注意事项

(1) 表格的名称应充分反映测量数据的内容。

(2) 制表时，选择的测量点能够准确地反映测试量之间的关系，找出实验结果的变化规律。

(3) 测量值与计算值应明确区分，计算值应注明计算公式(不一定写在表格中)。

(4) 关键部分测量点应细密。

2. 绘制曲线时注意事项

(1) 应以横坐标为自变量，纵坐标为函数量。

(2) 坐标纸的大小与分度的选择应与测量数据的精确度相适应。

(3) 合理选择测量点数量，测量点的数量应根据曲线的具体形状而定。各测量点的间隔要符合要求，以便能绘制符合实际情况的曲线。

(4) 修正曲线。修正曲线就是应用误差原理，把各种因素引起的曲线波动进行处理，使其成为一条光滑均匀的曲线。

1.6 安全用电基本知识

1. 安全用电常识

触电是人体直接或间接接触到带电体，电流对人体造成的伤害。它有两种类型，即电伤和电击。触电的危害性与电流的大小、通电时间的长短等因素有关。当通过人体的电流超过 20 mA 时，人手很难摆脱带电体，达到 100 mA 时，短时间内会使人心跳停止。

触电的类型有单相触电、两相触电、跨步电压触电和雷击触电。

安全电压是指不会使人直接致死或致残的电压。我国及 IEC(国际电工委员会)都对安全电压的上限值进行了规定，电压等级为 42 V、36 V、24 V、12 V、6 V。

2. 造成触电、火灾事故的主要原因

缺乏电气安全知识，违反操作规定；对电气设备使用不熟悉，维修不及时，缺乏安全防范措施；电气设备受潮或年久失修，绝缘性能降低，引起漏电短路；用电设备、环境和人员的危害，如触电和电气火灾、电压异常升高造成用电设备损坏；其他偶然因素等。

3. 实验室安全用电规则

在电气设备使用和维护中，应严格遵守国家规定的技术标准。普及安全知识，有利于防止触电事故。电气安全检查包括保护接地、保护接零和漏电保护装置。

安全用电措施：安全电压、安全距离、屏护及安全标志；触电解救、电火灾的紧急处理；安全用具和电气灭火器材是否齐全；实验室安全制度是否健全等内容。学生必须遵守仪器操作规程，接线、改线、拆线都必须在切断电源的情况下进行。出现异常情况应立即关机或切断室内总电源，及时报告指导教师。应建立实验室安全资料档案等。

第 2 章　常用电子仪器仪表的使用

2.1　数字万用表

2.1.1　数字万用表的结构和工作原理

数字万用表主要由液晶显示屏、模拟(A)/数字(D)转换器、电子计数器和转换开关等组成。其测量过程如图 2.1 所示。被测模拟量先由 A/D 转换器转换成数字量，然后通过电子计数器计数，最后把测量结果用数字直接显示在显示屏上。目前，教学、科研领域使用的数字万用表大多以 ICL7106、ICL7107 大规模集成电路为主芯片。该芯片内部包含双斜积分 A/D 转换器、显示锁存器、七段译码器和显示驱动器等。

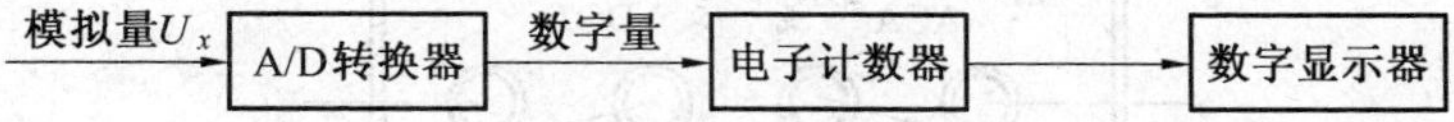

图 2.1　数字式万用表测量过程图

2.1.2　数字万用表操作面板简介

数字万用表具有 $3\frac{1}{2}$(1 999) 位自动极性显示功能，可用来测量交直流电压、电流，电阻，电容，二极管，三极管，通断测试等参数。

图 2.2 所示为数字万用表操作面板示意图。

(1)1——LCD 液晶显示屏：显示仪表测量的数值。

(2)2——POWER(电源) 开关：用于开启、关闭万用表电源。

(3)3——B/L(背光) 开关：开启及关闭背光灯。按下“B/L” 开关，背光灯亮，再次按下背光取消。

(4)4—— 旋钮开关：用于选择测量功能及量程。

(5)5——Cx(电容) 测量插孔：用于放置被测电容。

(6)6——20 A 电流测量插孔：当被测电流大于 200 mA 而小于 20 A 时，应将红表笔插入此孔。

(7)7—— 小于 200 mA 电流测量插孔：当被测电流小于 200 mA 时，应将红表笔插入此孔。

(8)8——COM(公共地)：测量时插入黑表笔。

(9)9——V(电压)/Ω(电阻) 测量插孔：测量电压 / 电阻时插入红表笔。

(10)10—— 刻度盘:共 8 个测量功能。“ Ω”为电阻测量功能;“DCV”为直流电压测量功能,“ACV”为交流电压测量功能;“DCA”为直流电流测量功能,“ACA”为交流电流测量功能;“F”为电容测量功能;“hFE”为三极管 hFE 值测量功能;“$\rightarrow\!\!|$”为二极管及电路通断测试功能,测试二极管时,近似显示二极管的正向压降值,导通电阻 < 70 Ω 时,内置蜂鸣器响。

(11)11——hFE 测试插孔:用于放置被测三极管,以测量其 hFE 值。

(12)12——HOLD(保持) 开关:按下“HOLD”开关,当前所测量数据被保持在液晶显示屏上并出现符号 H ,再次按下“HOLD”开关,退出保持功能状态,符号 H 消失。

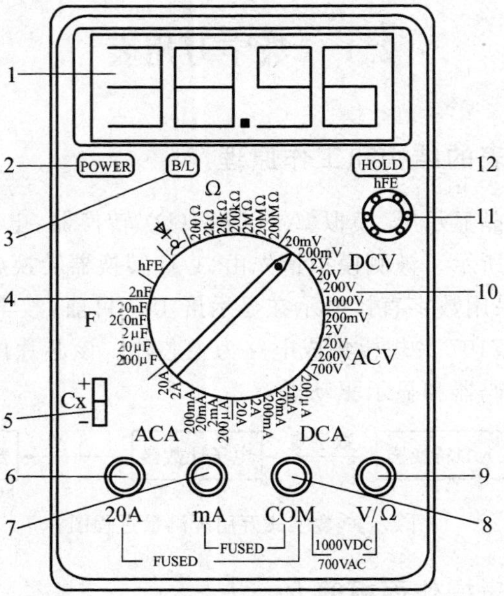

图 2.2 数字万用表操作面板示意图

2.1.3 数字万用表的使用方法

1. 直流电压的测量

(1) 黑表笔插入“COM”插孔,红表笔插入“V/Ω”插孔。

(2) 将旋钮开关转至“DCV”(直流电压) 相应的量程挡。

(3) 将表笔跨接(并联) 在被测电路上,其电压值和红表笔所接点电压的极性将显示在显示屏上。

2. 交流电压的测量

(1) 黑表笔插入“COM”插孔,红表笔插入“V/Ω”插孔。

(2) 将旋钮开关转至“ACV”(交流电压) 相应的量程挡。

(3) 将表笔跨接在被测电路上,被测电压值将显示在显示屏上。

3. 直流电流的测量

(1) 黑表笔插入“COM”插孔,红表笔插入“200 mA”或“20 A”插孔。

(2) 将旋钮开关转至“DCA”(直流电流) 相应的量程挡。

(3) 将仪表串接在被测电路中,被测电流值及红表笔点的电流极性将显示在显示屏上。

4. 交流电流的测量

(1) 黑表笔插入“COM”插孔，红表笔插入“200 mA”或“20 A”插孔。

(2) 将旋钮开关转至“ACA”(交流电流)相应的量程挡。

(3) 将仪表串接在被测电路中，被测电流值将显示在显示屏上。

5. 电阻的测量

(1) 黑表笔插入“COM”插孔，红表笔插入“V/Ω”插孔。

(2) 将旋钮开关转至“Ω”(电阻)相应的量程挡。

(3) 将测试表笔跨接在被测电阻上，被测电阻值将显示在显示屏上。

6. 电容的测量

将旋钮开关转至“F”(电容)相应的量程挡，被测电容插入 Cx(电容)插孔，其值将显示在显示屏上。

7. 晶体管 hFE 的测量

(1) 将旋钮开关置于 hFE 挡。

(2) 根据被测三极管的类型(NPN 或 PNP)，将发射极 e、基极 b、集电极 c 分别插入相应的插孔，被测三极管的 hFE 值将显示在显示屏上。

8. 二极管及通断测试

(1) 红表笔插入“V/Ω”孔(注意：数字万用表红表笔为表内电池正极；指针万用表则相反，红表笔为表内电池负极)，黑表笔插入“COM”孔。

(2) 旋钮开关置于“”(二极管 / 蜂鸣)符号挡，红表笔接二极管正极，黑表笔接二极管负极，显示值为二极管正向压降的近似值(0.55～0.70 V 为硅管；0.15～0.30 V 为锗管)。

(3) 测量二极管正、反向压降时，若只有最高位均显示“1”(超量限)，则二极管开路；若正、反向压降均显示“0”，则二极管击穿或短路。

(4) 将表笔连接到被测电路两点，如果内置蜂鸣器发声，则两点之间电阻值低于 70 Ω，电路通，否则电路为断路。利用此功能也可以测量电路接通与否。

2.1.4　数字式万用表使用注意事项

(1) 测量电压时，输入直流电压切勿超过 1 000 V，交流电压有效值切勿超过 700 V。

(2) 测量电流时，切勿输入超过 20 A 的电流。

(3) 被测直流电压高于 36 V 或交流电压有效值高于 25 V 时，应仔细检查表笔是否可靠接触、连接是否正确、绝缘是否良好等，以防漏电。

(4) 测量时应选择正确的功能和量程，谨防误操作；切换功能和量程时，表笔应离开测试点；显示值的“单位”与相应量程挡的“单位”一致。

(5) 若测量前不知被测量的范围，应先将量程开关置到最高挡，再根据显示值调到合适的挡位。

(6) 测量时若只有最高位显示“1”或“－1”，表示被测量超过了量程范围，应将量程开关转至较高挡位。

(7) 在线测量电阻时，应确认被测电路所有电源已关断且所有电容都已完全放完电时，方可进行测量，即不能带电测电阻。

(8) 用“200 Ω”量程时，应先将表笔短路测引线电阻，然后在实测值中减去所测的引线电阻；用“200 MΩ”量程时，表笔短路仪表显示 1.0 MΩ，属正常现象，不影响测量精度，实测时应减去该值。

(9) 测电容前，应对被测电容进行充分放电；用大电容挡测漏电或击穿电容时读数将不稳定；测电解电容时，应注意正、负极，切勿插错。

(10) 显示屏显示 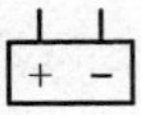 符号时，应及时更换 9 V 碱性电池，以减小测量误差。

2.2　数字交流毫伏表

交流毫伏表是电工、电子实验中用来测量交流电压有效值的常用电子测量仪器，其优点是测量电压范围广、频率宽、输入阻抗高和灵敏度高等。

2.2.1　交流毫伏表的结构特点及面板介绍

双通道交流毫伏表操作面板示意图如图 2.3 所示。

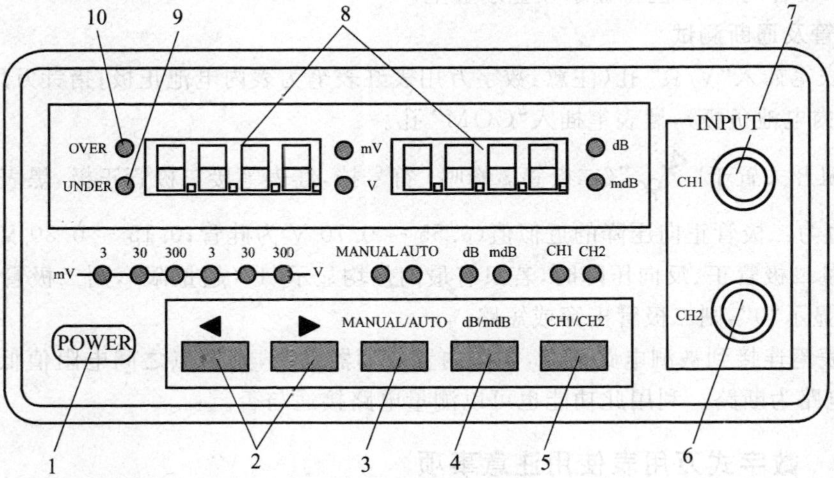

图 2.3　交流毫伏表操作面板示意图

(1)1——POWER：电源开关。

(2)2——量程切换按键：手动测量时进行量程的切换。

(3)3——MANUAL/AUTO：手动 / 自动测量切换选择按键。

(4)4——dB/mdB：dB 或 mdB 切换选择按键。

(5)5——CH1/CH2：CH1/CH2 测量范围切换选择按键。

(6)6——CH2：被测信号输入通道 2。

(7)7——CH1：被测信号输入通道 1。

(8)8——用于显示当前的测量通道实测输入信号电压值，dB 或 mdB 值。

(9)9——UNDER：欠量程指示灯。当设置为手动或自动测量方式时，读数低于 300 时该指示灯闪烁。

(10)10——OVER：过量程指示灯。当设置为手动或自动测量方式时，读数超过 3 999 时该指示灯闪烁。

2.2.2　交流毫伏表的测量方法

打开电源开关，将交流毫伏表预热 15 ～ 30 min。然后进入自检状态，自检通过后即进入测量状态。在测量过程中，两个通道均保持各自的测量方式和测量量程，因此选择测量通道时不会更改原通道的设置。

(1) 当设置为自动测量方式时，交流毫伏表能根据被测信号的大小自动选择测量量程，同时允许手动方式干预量程选择。这时当量程处于 300 V 挡时，若 OVER 灯亮表示过量程，此时，电压显示为 HHHHV，dB 显示为 HHHHdB，表示输入信号过大，超过了使用范围。

(2) 当设置为手动测量方式时，可以根据交流毫伏表的提示设置量程。若 OVER 灯亮表示过量程，此时电压显示 HHHHV，dB 显示为 HHHHdB，应该手动切换到上面的量程。当 UNDER 灯亮时，表示测量欠量程，应切换到下面的量程测量。

2.2.3　交流毫伏表使用注意事项

(1) 自动测量过程中，进行量程切换时会出现瞬态的过量程现象，此时只要输入电压不超过最大量程，片刻后读数即可稳定下来。

(2) 测量过程中，请不要长时间输入过量程电压。

(3) 测量过程中不应该频繁开机和关机，关机后重新开机的时间间隔应大于 5 s 以上。

(4) 交流毫伏表应放在干燥及通风的地方，并保持清洁，久置不用时应罩上塑料套。

2.3　函数信号发生器/计数器

函数信号发生器是用来产生不同形状、不同频率波形的仪器。实验中常作为信号源，信号的波形、频率和幅度等可通过开关和旋钮进行调节。函数信号发生器有模拟式和数字式两种。

2.3.1　模拟函数信号发生器/计数器

1. 主要功能

模拟函数信号发生器/计数器不仅能输出正弦波、三角波、方波等基本波形，还能输出锯齿波、脉冲波等多种非对称波形，同时对各种波形均可实现扫描功能。

主要功能有：控制函数信号产生的频率；控制输出信号的波形；测量输出信号或外部输入信号的频率并显示；测量输出信号的幅度并显示。

2. 操作面板简介

模拟函数信号发生器/计数器前操作面板如图 2.4 所示。

(1)1—— 频率显示窗口：显示输出信号或外测信号的频率，单位由窗口右侧所亮的指示灯确定，“kHz”或“Hz”。

(2)2—— 幅度显示窗口：显示输出信号的幅度，单位由窗口右侧所亮的指示灯确定，“Vpp”或“mVpp”。

(3)3—— 扫描宽度调节旋钮：调节扫频输出的频率范围。在外测频时，逆时针旋到底（绿灯亮)，为外输入测量信号经过低通开关进入测量系统。

(4)4—— 扫描速率调节旋钮:调节内扫描的时间长短。在外测频时，逆时针旋到底(绿灯亮)，为外输入测量信号经过"20 dB"衰减进入测量系统。

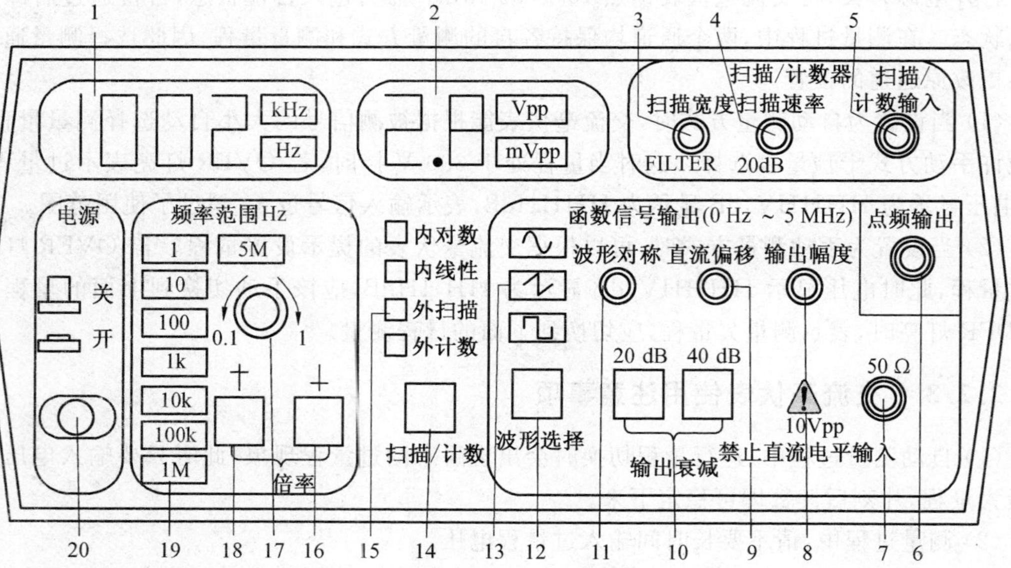

图 2.4　模拟函数信号发生器前操作面板示意图

(5)5——"扫描/计数"输入插孔:当"扫描/计数"键功能选择在外扫描或外计数功能时，外扫描控制信号或外测频信号将由此插孔输入。

(6)6—— 点频输出端:输出 100 Hz、2Vpp 的标准正弦波信号。

(7)7—— 函数信号输出端:输出多种波形受控的函数信号，输出幅度 20Vpp(1 MΩ 负载)，10Vpp(50 Ω 负载)。

(8)8—— 函数信号输出幅度调节旋钮:调节范围为 20 dB。

(9)9—— 函数信号输出直流电平偏移调节旋钮:调节范围为 $-5 \sim +5$ V(50 Ω 负载)，$-10 \sim +10$ V(1 MΩ 负载)。当电位器处在关闭位置(逆时针旋到底即绿灯亮)时，则为 0 电平。

(10)10—— 函数信号输出幅度衰减按键:"20 dB"、"40 dB"按键均未按下，信号不经衰减直接从插孔 7 输出。"20 dB"、"40 dB"键分别按下时，则可分别衰减 20 dB 或 40 dB。"20 dB"和"40 dB"键同时按下时，则衰减 60 dB。

(11)11—— 输出波形对称性调节旋钮:调节此旋钮可改变输出信号的对称性。当电位器处在关闭位置(逆时针旋到底即绿灯亮)时，则输出对称信号。

(12)12—— 函数信号输出波形选择按钮:按动此键，可选择正弦波、三角波和方波三种波形。

(13)13—— 波形指示灯:可分别指示正弦波、三角波和方波。按压波形选择按钮 12，相应的指示灯亮，说明该波形被选定。

(14)14——"扫描/计数"按钮:可选择多种扫描方式和外测频方式。

(15)15—— 扫描/计数方式指示灯:显示所选择的扫描方式和外测频方式。

(16)16—— 倍率选择按钮 ↓:每按一次此按钮可递减输出频率的 1 个频段。

(17)17—— 频率微调旋钮:调节此旋钮可微调输出信号频率,调节基数为0.1～1。

(18)18—— 倍率选择按钮 ↑:每按一次此按钮可递增输出频率的1个频段。

(19)19—— 频段指示灯:共8个。指示灯亮,表明当前频段被选定。

(20)20—— 整机电源开关:按下此键,机内电源接通,整机工作。按键释放整机电源关断。

此外,在后面板上还有:电源插座(交流电220 V输入插座,内置容量为0.5 A保险丝);TTL/CMOS电平调节旋钮(调节旋钮"关"为TTL电平,打开则为CMOS电平,输出幅度可从5 V调节到15 V);TTL/CMOS输出插座。

3. 使用方法

(1) 主函数信号输出方法。

① 将信号输出线连接到函数信号输出端"7"。

② 按倍率选择按钮"16"或"18"选定输出函数信号的频段,转动频率微调旋钮"17"调整输出信号的频率,直到所需的频率值。

③ 按波形选择按钮"12"选择输出函数信号的波形,可分别获得正弦波、三角波和方波。

④ 由输出幅度衰减按键"10"和输出幅度调节旋钮"8"选定和调节输出信号的幅值。

⑤ 当需要输出信号携带直流电平时可转动直流电平偏移调节旋钮"9"进行调节,此旋钮若处于关闭状态,则输出信号的直流电平为0,即输出纯交流信号。

⑥ 输出波形对称性调节旋钮"11"关闭时,输出信号为正弦波、三角波或占空比为50%的方波。转动此旋钮,可改变输出方波信号的占空比或将三角波调变为锯齿波,正弦波调变为正、负半周角频率不同的正弦波形,最多可移相180°。

(2) 点频正弦信号输出方法。

① 将终端不加50 Ω匹配器的信号输出线连接到点频输出端"6"。

② 输出频率为100 Hz,幅度为2Vpp(中心电平为0)的标准正弦波信号。

(3) 内扫描信号输出方法。

①"扫描/计数"按钮"14"选定为"内扫描"方式。

② 分别调节扫描宽度调节旋钮"3"和扫描速率调节旋钮"4"以获得所需的扫描信号输出。

③ 主函数信号输出端"7"和TTL/CMOS输出插座(位于后面板)均可输出相应的内扫描的扫频信号。

(4) 外扫描信号输入方法。

①"扫描/计数"按钮"14"选定为"外扫描"方式。

② 由"扫描/计数"输入孔"5"输入相应的控制信号,即可得到相应的受控扫描信号。

(5) TTL/CMOS电平输出方法。

① 转动后面板上的TTL/CMOS电平调节旋钮使其处于所需位置,以获得所需的电平。

② 将终端不加50 Ω匹配器的信号输出线连接到后面板TTL/CMOS输出插座即可输出所需的电平。

2.3.2　数字(DDS)函数信号发生器

DDS函数信号发生器采用现代数字合成技术,它没有振荡器元件,而是利用直接数字合成技术，由函数计算值产生一连串数据流，再经数模转换器输出一个预先设定的模拟信号。其优点是：输出波形精度高、失真小；信号相位和幅度连续无畸变；在输出频率范围内不需设置频段，频率扫描可无间隙地连续覆盖全部频率范围等。本节重点介绍与电工学相关的主要功能和使用方法。

1. 主要功能

DDS 函数信号发生器具有双路输出、调幅输出、门控输出、触发计数输出、频率扫描和幅度扫描等功能。低电平小于 0.3 V；高电平大于 4 V。

2. 面板键盘功能

DDS 函数信号发生器前操作面板示意图如图 2.5 所示。它包含 3 个幅度衰减开关、1 个调节旋钮、2 个输出端口和电源开关等 20 余个按键。按键都是按下释放后才有效，部分按键功能如下：

(1)【频率】键：频率选择键。

(2)【幅度】键：幅度选择键。

(3)【0】、【1】、【2】、【3】、【4】、【5】、【6】、【7】、【8】、【9】键：数字输入键。

(4)【MHz】/【存储】、【kHz】/【重现】、【Hz】/【项目】/【V】/【s】、【MHz】/【选通】/【mV】/【ms】键：双功能键，在数字输入之后执行单位键的功能，同时作为数字输入的结束键(即确认键)，其他时候执行【项目】、【选通】、【存储】、【重现】等功能。

(5)【· /一】/【快捷】键：双功能键，输入数字时为小数点输入键，其他时候执行【快捷】功能。

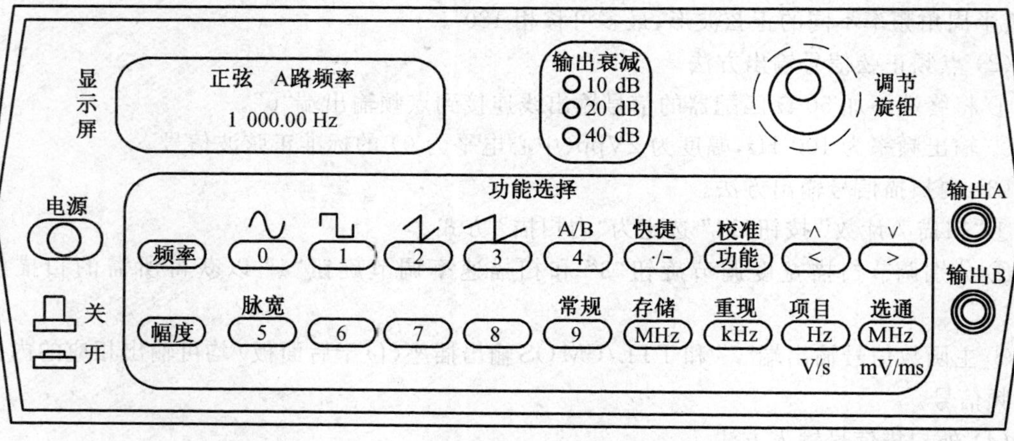

图 2.5 DDS 函数信号发生器前操作面板示意图

(6)【<】/【∧】、【>】/【∨】键：双功能键，一般情况下作为光标左右移动键，只有在“扫描”功能时作为加、减步进键和手动扫描键。

(7)【功能】/【校准】键：主菜单控制键，循环选择五种功能，见表 2.1。

(8)【项目】键：子菜单控制键，在每种功能下选择不同的项目，见表 2.1。

(9)【选通】键：双功能键，在“常规”功能时可以切换频率和周期，幅度峰峰值和有效值，在“扫描”、“触发”和“键控”功能时作为启动键。

表 2.1 【功能】、【项目】菜单显示表

【功能】(主菜单)键	常规	扫描	调幅	触发	键控
【项目】(子菜单)键	A 路频率	A 路频率	A 路频率	A 路频率	A 路频率
	B 路频率	始点频率	B 路频率	计数	始点频率
		终点频率		间隔	终点频率
		步长频率		单次	间隔
		间隔			
		方式			

(10)【快捷】:按【快捷】后(显示屏上出现“Q”标志),再按【0】/【1】/【2】/【3】键,可以直接选择对应的 4 种不同波形输出;按【快捷】后再按【4】键,可以直接进行 A 路和 B 路输出转换。按【快捷】后按【5】键,可以调整方波的占空比。

(11) 调节旋钮:调节输入的数据。

3. 使用方法

按下电源开关,接通电源。显示屏初始化后进入默认的“常规”功能输出状态,显示出当前 A 路输出波形为“正弦”,频率为“1 000.00 Hz”。

(1) 数据输入方式。该仪器的数据输入方式有三种。

① 数字键输入。用 0 ～ 9 十个数字键及小数点键向显示区写入数据。数据写入后应按相应的单位键(【MHz】、【kHz】、【Hz】或【MHz】)予以确认。此时数据开始生效,信号发生器按照新写入的参数输出信号。如设置 A 路正弦波频率为 2.7 kHz,其按键顺序是:【2】→【·】→【7】→【kHz】。

数字键输入法可使输入数据一次到位,因而适合于输入已知的数据。

② 步进键输入。实际使用中有时需要得到一组几个或几十个等间隔的频率值或幅度值,如果用数字键输入法,就必须反复使用数字键和单位键。为了简化操作,可以使用步进键输入方法,将【功能】键选择为“扫描”,把频率间隔设定为步长频率值,此后每按一次【∧】键,频率增加一个步长值,每按一次【∨】键,频率减小一个步长值,且数据改变后即刻生效,不需再按单位键。

如设置间隔为 12.84 kHz 的一系列频率值,其按键顺序是:先按【功能】键选“扫描”,再按【项目】键选“步长频率”,依次按【1】、【2】、【·】、【8】、【4】、【kHz】,此后连续按【∧】或【∨】键,就可得到一系列间隔为 12.84 kHz 的递增或递减频率值。

注意　步进键输入法只能在项目选择为“频率”或“幅度”时使用。步进键输入法适合于一系列等间隔数据的输入。

③ 调节旋钮输入。按位移键【<】或【>】,使三角形光标左移或右移并指向显示屏上的某一数字,向右或左转动调节旋钮,光标指示位数字连续加 1 或减 1,并能向高位进位或借位。调节旋钮输入时,数字改变后即刻生效。当不需要使用调节旋钮输入时,按位移键【<】或【>】使光标消失,转动调节旋钮就不再生效。

调节旋钮输入法适合于对已输入数据进行局部修改或需要输入连续变化的数据进行搜索观测。

(2)“常规”功能的使用。

仪器开机后为“常规”功能，显示A路波形(正弦或方波)，否则可按【功能】键选择“常规”，仪器便进入“常规”状态。

① 频率/周期的设定。

按【频率】键可以进行频率设定。在“A路频率”时用数字键或调节旋钮输入频率值，此时在“输出A”端口即有该频率的信号输出。例如：设定频率值为3.5 kHz，按键顺序为：【频率】→【3】→【·】→【5】→【kHz】。

频率也可用周期值进行显示和输入。若当前显示为频率，按【选通】键，即可显示出当前周期值，用数字键或调节旋钮输入周期值。例如：设定周期值为25 ms，按键顺序是：【频率】→【选通】→【2】→【5】→【ms】。

② 幅度的设定。

按【幅度】键可以进行幅度设定。在“A路幅度”时用数字键或调节旋钮输入幅度值，此时在“输出A”端口即有该幅度的信号输出。例如：设定幅度为3.2 V，按键顺序是：【幅度】→【3】→【·】→【2】→【V】。

幅度的输入和显示可以使用有效值(VRMS)或峰峰值(VPP)，当项目选择为幅度时，按【选通】键可对两种显示格式进行循环转换。

③ 输出波形选择。

如果当前选择为A路，按【快捷】→【0】，输出为正弦波；按【快捷】→【1】，输出为方波。

方波占空比设定：若当前显示为A路方波，可按【快捷】→【5】，显示出方波占空比的百分数，用数字键或调节旋钮输入占空比值，“输出A”端口即有该占空比的方波信号输出。

(3)“扫描”功能的使用。

①“频率”扫描。按【功能】键选择“扫描”，如果当前显示为频率，则进入“频率”扫描状态，可设置扫描参数，并进行扫描。

a. 设定扫描始点/终点频率。按【项目】键，选“始点频率”，用数字键或调节旋钮设定始点频率值；按【项目】键，选“终点频率”，用数字键或调节旋钮设定终点频率值。

注意　终点频率值必须大于始点频率值。

b. 设定扫描步长。按【项目】键，选“步长频率”，用数字键或调节旋钮设定步长频率值。扫描步长小，扫描点多，测量精细，反之则测量粗糙。

c. 设定扫描间隔时间。按【项目】键，选“间隔”，用数字键或调节旋钮设定间隔时间值。

d. 设定扫描方式。按【项目】键，选“方式”，有4种扫描方式可供选择。按【0】，选择为“正扫描方式”(扫描从始点频率开始，每步增加一个步长值，到达终点频率后，再返回始点频率重复扫描过程)；按【1】，选择为“逆扫描方式”(扫描从终点频率开始，每步减小一个步长值，到达始点频率后，再返回终点频率重复扫描过程)；按【2】，选择为“单次正扫描方式”(扫描从始点频率开始，每步增加一个步长值，到达终点频率后，扫描停止。每按一次【选通】键，扫描过程进行一次)；按【3】，选择为“往返扫描方式”(扫描从始点频率开始，每步增加一个步长值，到达终点频率后，改为每步减小一个步长值扫描至始点频率，如此往返重复扫描过程)。

e. 扫描启动和停止。扫描参数设定后，按【选通】键，显示出“F SWEEP”表示频率扫描功能已启动，按任意键可使扫描停止。扫描停止后，输出信号便保持在停止时的状态不再改变。无论扫描过程是否正在进行，按【选通】键都可使扫描过程重新启动。

f. 手动扫描。扫描过程停止后，可用步进键进行手动扫描，每按一次【∧】键，频率增加一个步长值，每按一次【∨】键，频率减小一个步长值，这样可逐点观察扫描过程的细节变化。

②“幅度”扫描。在“扫描”功能下按【幅度】键，显示出当前幅度值。设定幅度扫描参数(如始点幅度、终点幅度、步长幅度、间隔时间、扫描方式等)，其方法与频率扫描类同。按【选通】键，显示出“A SWEEP”表示幅度扫描功能已启动，按任意键可使扫描过程停止。

(4)“调幅”功能的使用。

按【功能】键，选择“调幅”，“输出 A”端口即有幅度调制信号输出。A 路为载波信号，B 路为调制信号。

① 设定调制信号的频率。按【项目】键选择“B路频率”，显示出B路调制信号的频率，用数字键或调节旋钮可设定调制信号的频率。调制信号的频率应与载波信号频率相适应，一般的，调制信号的频率应是载波信号频率的十分之一。

② 设定调制信号的幅度。按【项目】键选择“B路幅度”，显示出B路调制信号的幅度，用数字键或调节旋钮设定调制信号的幅度。调制信号的幅度越大，幅度调制深度就越大。

注意　调制深度还与载波信号的幅度有关，载波信号的幅度越大，调制深度就越小，因此，可通过改变载波信号的幅度来调整调制深度。

③ 外部调制信号的输入。从仪器后面板“调制输入”端口可引入外部调制信号。外部调制信号的幅度应根据调制深度的要求调整。使用外部调制信号时，应将“B 路频率”设定为 0，以关闭内部调制信号。

(5)B 路输出的使用。

B 路输出有 4 种波形(正弦波、方波、三角波、锯齿波)，频率和幅度连续可调，但精度不高，也不能显示准确的数值，主要作为幅度调制信号及定性的观测实验。

① 频率设定。按【项目】键选择“B 路频率”，显示出一个频率调整数字(不是实际频率值)，用数字键或调节旋钮改变此数字即可改变“输出 B”信号的频率。

② 幅度设定。按【项目】键选择“B 路幅度”，显示出一个幅度调整数字(不是实际幅度值)，用数字键或调节旋钮改变此数字即可改变“输出 B”信号的幅度。

③ 波形选择。若当前输出为 B 路，按【快捷】、【0】，B 路输出正弦波；按【快捷】、【1】，B 路输出方波；按【快捷】、【2】，B 路输出三角波；按【快捷】、【3】，B 路输出锯齿波。

(6) 出错显示功能。

由于各种原因使得仪器不能正常运行时，显示屏将会有出错显示：EOP＊ 或 EOU＊ 等。EOP＊ 为操作方法错误显示，例如显示 EOP1，提示您只有在频率和幅度时才能使用【∧】、【∨】键；EOP3，提示您在正弦波时不能输入脉宽；EOP5，提示您“扫描”、“键控”方式只能在频率和幅度时才能触发启动等。EOU＊ 为超限出错显示，即输入的数据超过了仪器所允许的范围，如显示 EOU1，提示您扫描始点值不能大于终点值；EOU2，提示您频率或周期为 0 不能互换；EOU3，输入数据中含有非数字字符或输入数据超过允许值范围等。

2.4　模拟示波器

示波器是一种综合性电信号显示和测量仪器，它不但可以直接显示出电信号随时间变化的波形及其变化过程，测量出信号的幅度、频率、脉宽、相位差等，还能观察信号的非线性失真，测量调制信号的参数等。配合各种传感器,示波器还可以进行各种非电量参数的测量。

2.4.1　模拟示波器的组成

模拟示波器的基本结构由垂直系统(Y 轴信号通道)、水平系统(X 轴信号通道)、示波管及其电路、电源等组成。

2.4.2　模拟示波器的正确调整

各种模拟示波器的调整和使用方法基本相同,现以双踪示波器为例介绍如下:

1. 双踪示波器前面板简介

双踪示波器的调节旋钮、开关、按键及连接器等都位于前面板上,如图 2.6 所示。其主要结构及功能如下:

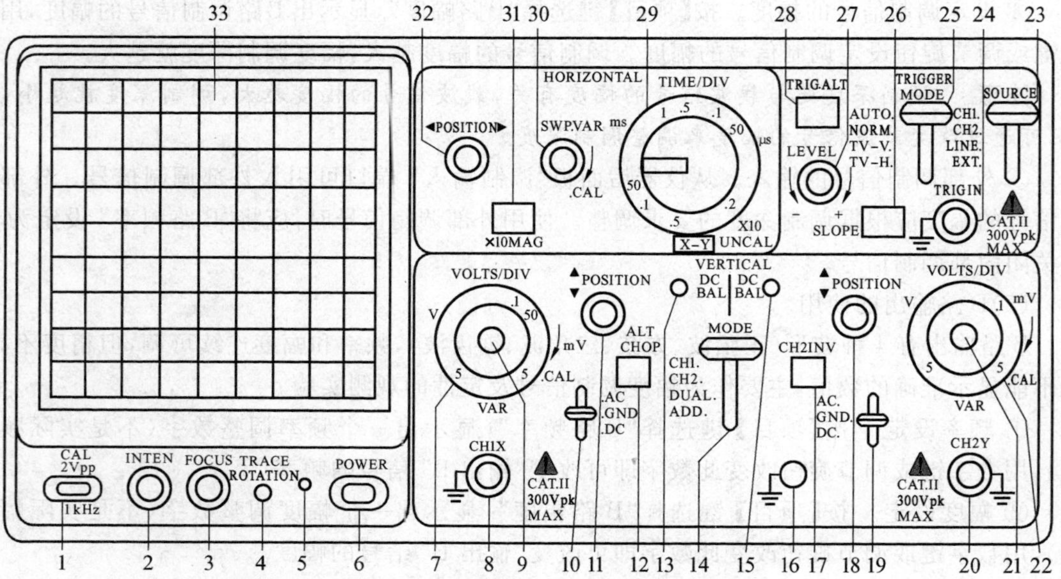

图 2.6　双踪示波器前面板示意图

(1) 示波管操作部分。

6——"POWER":主电源开关及指示灯。按下此开关,其左侧的发光二极管指示灯 5 亮,表明电源已接通。

2——"INTEN":亮度调节钮。调节轨迹或光点的亮度。

3——"FOCUS":聚焦调节钮。调节轨迹或亮光点的聚焦。

4——"TRACE ROTATION":轨迹旋转。调整水平轨迹与刻度线相平行。

33—— 显示屏。显示信号的波形。

(2) 垂直轴操作部分。

7、22——"VOLTS/DIV":2 个通道的垂直衰减钮。调节垂直偏转灵敏度,从 5 mV/div ~ 5 V/div,共 10 个挡位。

8——"CH1 [X]":通道 1 被测信号输入连接器。在 $X-Y$ 模式下,作为 X 轴输入端。

20——"CH2 [Y]":通道 2 被测信号输入连接器。在 $X-Y$ 模式下,作为 Y 轴输入端。

9、21——“VAR”：2 个通道的垂直灵敏度旋钮。微调灵敏度大于或等于 1/2.5 标示值。在校正(CAL) 位置时，灵敏度校正为标示值。

10、19——“AC－GND－DC”：垂直系统输入耦合开关。选择被测信号进入垂直通道的耦合方式。“AC”：交流耦合；“DC”：直流耦合；“GND”：接地。

11、18——“POSITION”：2 个通道的垂直位置调节旋钮。调节显示波形在荧光屏上的垂直位置。

12——“ALT”/“CHOP”：交替 / 断续选择按键。双踪显示时，放开此键(ALT)，通道 1 与通道 2 的信号交替显示，适用于观测频率较高的信号波形；按下此键(CHOP)，通道 1 与通道 2 的信号同时断续显示，适用于观测频率较低的信号波形。

13、15——“DC BAL”：CH1、CH2 通道直流平衡调节旋钮。垂直系统输入耦合开关在 GND 时，在 5 mV 与 10 mV 之间反复转动垂直衰减开关，调整“DC BAL” 使光迹保持在零水平线上不移动。

14——“VERTICAL MODE”：垂直系统工作模式开关。CH1：通道 1 单独显示；CH2：通道 2 单独显示；DUAL：两个通道同时显示；ADD：显示通道 1 与通道 2 信号的代数或代数差(按下通道 2 的信号反向键“CH2 INV” 时)。

17——“CH2 INV”：通道 2 信号反向按键。按下此键，通道 2 及其触发信号同时反向。

(3) 触发操作部分。

23——“SOURCE”：触发源选择开关。“CH1”：当垂直系统工作模式开关 14 设定在 DUAL 或 ADD 时，选择通道 1 作为内部触发信号源；“CH2”：当垂直系统工作模式开关 14 设定在 DUAL 或 ADD 时，选择通道 2 作为内部触发信号源；“LINE”：选择交流电源作为触发信号源；“EXT”：选择“TRIG IN” 端子输入的外部信号作为触发信号源。

24——“TRIG IN”：外触发输入端子。用于输入外部触发信号。当使用该功能时，“SOURCE” 开关应设置在 EXT 位置。

25——“TRIGGER MODE”：触发方式选择开关。“AUTO”(自动)：当没有触发信号输入时，扫描处在自由模式下；“NORM”(常态)：当没有触发信号输入时，踪迹处在待命状态并不显示；“TV－V”(电视场)：当想要观察一场的电视信号时；“TV－H”(电视行)：当想要观察一行的电视信号时。

26——“SLOPE”：触发极性选择按键。释放为“＋”，上升沿触发；按下为“－”，下降沿触发。

27——“LEVEL”：触发电平调节旋钮。显示一个同步的稳定波形，并设定一个波形的起始点。向“＋” 旋转触发电平向上移，向“－” 旋转触发电平向下移。

28——“TRIG. ALT”：当垂直系统工作模式开关 14 设定在 DUAL 或 ADD，且触发源选择开关 24 选 CH1 或 CH2 时，按下此键，示波器会交替选择 CH1 和 CH2 作为内部触发信号源。

(4) 水平轴操作部分。

29——“TIME/DIV”：水平扫描速度旋钮。扫描速度从 0.2 μs/div 到 0.5 s/div 共 20 挡。当设置到 X－Y 位置时，示波器可工作在 $X-Y$ 方式。

30——“SWP. VAR”：水平扫描微调旋钮。微调水平扫描时间，使扫描时间被校正到与面板上“TIME/DIV” 指示值一致。顺时针转到底为校正(CAL) 位置。

31——“×10 MAG”：扫描扩展开关。按下时扫描速度扩展 10 倍。

32——“POSITION”:水平位置调节钮。调节显示波形在荧光屏上的水平位置。

(5) 其他操作部分。

1——“CAL”:示波器校正信号输出端。提供幅度为 2Vpp,频率为 1 kHz 的方波信号,用于校正 10∶1 探头的补偿电容器和检测示波器垂直与水平偏转因数等。

16——“GND”:示波器机箱的接地端子。

2. 双踪示波器的正确调整与操作

示波器的正确调整和操作对于提高测量精度和延长仪器的使用寿命十分重要。

(1) 聚焦和辉度的调整。

调整聚焦旋钮使扫描线尽可能细,以提高测量精度。扫描线亮度(辉度)应适当,过亮不仅会降低示波器的使用寿命,而且也会影响聚焦特性。

(2) 正确选择触发源和触发方式。

① 触发源的选择。如果观测的是单通道信号,就应选择该通道信号作为触发源;如果同时观测两个时间相关的信号,则应选择信号周期长的通道作为触发源。

② 触发方式的选择。首次观测被测信号时,触发方式应设置于“AUTO”,待观测到稳定信号后,调好其他设置,最后将触发方式开关置于“NORM”,以提高触发的灵敏度。当观测直流信号或小信号时,必须采用“AUTO”触发方式。

(3) 正确选择输入耦合方式。

根据被观测信号的性质选择正确的输入耦合方式。一般情况下,被观测的信号为直流或脉冲信号时,应选择“DC”耦合方式;被观测的信号为交流时,应选择“AC”耦合方式。

(4) 合理调整扫描速度。

调节扫描速度旋钮,可以改变荧光屏上显示波形的个数。提高扫描速度,显示的波形少;降低扫描速度,显示的波形多。显示的波形不应过多,以保证时间测量的精度。

(5) 波形位置和几何尺寸的调整。

观测信号时,波形应尽可能处于荧光屏的中心位置,以获得较好的测量线性。正确调整垂直衰减旋钮,尽可能使波形幅度占一半以上,以提高电压测量的精度。

(6) 合理操作双通道。

将垂直工作方式开关设置到“DUAL”,两个通道的波形可以同时显示。为了观察到稳定的波形,可以通过“ALT/CHOP”(交替/断续)开关控制波形的显示。按下“ALT/CHOP”开关(置于 CHOP),两个通道的信号断续地显示在荧光屏上,此设定适用于观测频率较高的信号;释放“ALT/CHOP”开关(置于 ALT),两个通道的信号交替地显示在荧光屏上,此设定适用于观测频率较低的信号。在双通道显示时,还必须正确选择触发源。当 CH1、CH2 信号同步时,选择任意通道作为触发源,两个波形都能稳定显示,当 CH1、CH2 信号在时间上不相关时,应按下“TRIG. ALT”(触发交替)开关,此时每一个扫描周期,触发信号交替一次,因而两个通道的波形都会稳定显示。

注意 双通道显示时,不能同时按下“CHOP”和“TRIG. ALT”开关,因为“CHOP”信号成为触发信号而不能同步显示。利用双通道进行相位和时间对比测量时,两个通道必须采用同一同步信号触发。

(7) 触发电平调整。

调整触发电平旋钮可以改变扫描电路预置的阀门电平。向“+”方向旋转时,阀门电平向正方向移动;向"—"方向旋转时,阀门电平向负方向移动;处在中间位置时,阀门电平设定在信号的平均值上。触发电平过正或过负,均不会产生扫描信号。因此,触发电平旋钮通常应保持在中间位置。

2.4.3　模拟示波器测量实例

1. 周期的测量

(1) 将水平扫描微调旋钮置于校正位置,并使时间基线落在水平中心刻度线上。

(2) 输入被测信号。调节垂直衰减旋钮和水平扫描速度旋钮等,使荧光屏上稳定显示 1～2 波形。

(3) 选择被测波形一个周期的始点和终点,并将始点移动到某一垂直刻度线上以便读数。

(4) 确定被测信号的周期。信号波形一个周期在 X 轴方向始点与终点之间的水平距离与水平扫描速度旋钮对应挡位的时间之积即为被测信号的周期。

用示波器测量信号周期时,可以测量信号 1 个周期的时间,也可以测量 n 个周期的时间,再除以周期个数 n。后一种方法产生的误差会小一些。

2. 频率的测量

由于信号的频率与周期为倒数关系,即 $f=1/T$。因此,可以先测信号的周期,再求倒数即可得到信号的频率。

3. 相位差的测量

(1) 将水平扫描微调旋钮、垂直灵敏度旋钮置于校正位置。

(2) 将垂直系统工作模式开关置于"DUAL",并使两个通道的时间基线均落在水平中心刻度线上。

(3) 输入两路频率相同而相位不同的交流信号至 CH1 和 CH2,将垂直输入耦合开关置于"AC"。

(4) 调节相关旋钮,使荧光屏上稳定显示出两个大小适中的波形。

(5) 确定两个被测信号的相位差。如图 2.7 所示,测出信号波形一个周期在 X 轴方向所占的格数 m(5 格),再测出两波形上对应点(如过零点)之间的水平格数 n(1.6 格),则 u_1 超前 u_2 的相位差角为

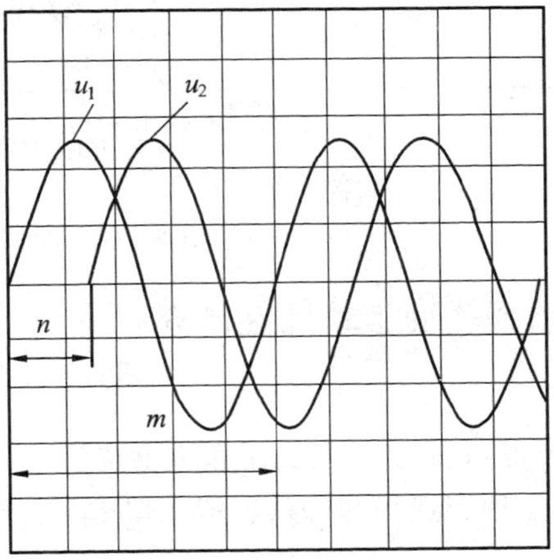

图 2.7　测量两正弦交流信号的相位差

$$\Delta\varphi = \frac{n}{m} \times 360^\circ = \frac{1.6}{5} \times 360^\circ = 115.2^\circ \tag{2.1}$$

(6) 相位差角 $\Delta\varphi$ 符号的确定。当 u_2 滞后 u_1 时，$\Delta\varphi$ 为负；当 u_2 超前 u_1 时，$\Delta\varphi$ 为正。

频率和相位差角的测量还可以采用李沙育(Lissajous)图形法，此处不再赘述。

2.5 数字示波器快速入门

数字示波器不仅具有多重波形显示、分析和数学运算功能，波形、设置、CSV 和位图文件存储功能，自动光标跟踪测量功能，波形录制和回放功能等，还支持即插即用 USB 存储设备和打印机，并可通过 USB 存储设备进行软件升级等。

数字示波器前面板各通道标志、旋钮和按键的位置及操作方法与传统示波器类似。

2.5.1 数字示波器前操作面板结构

数字示波器前操作面板如图 2.8 所示。按功能前面板可分为 8 大区，分别为功能菜单操作区、常用菜单区、执行按键区、垂直控制区、水平控制区、触发控制区、信号输入 / 输出区和液晶显示区等。

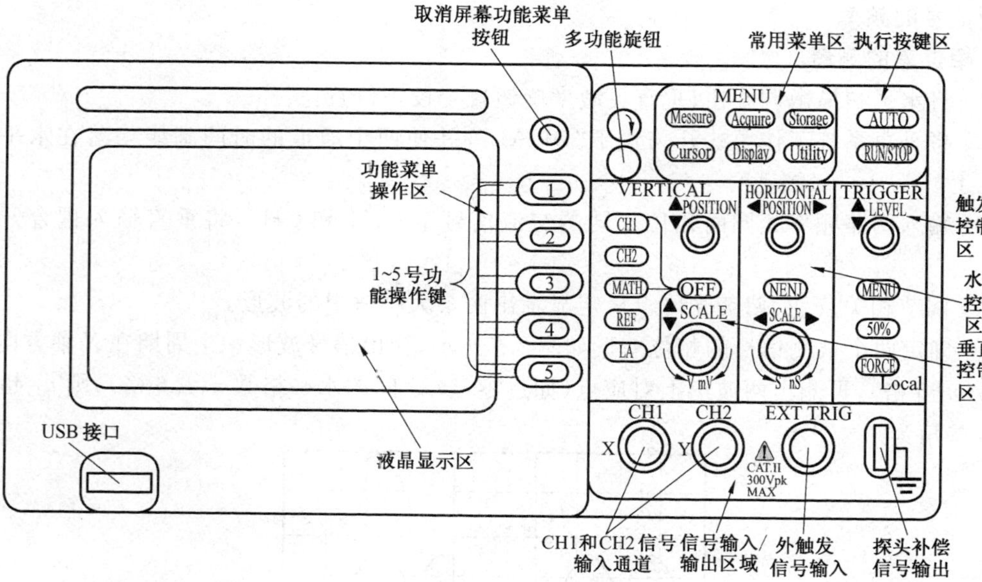

图 2.8　数字示波器前操作面板示意图

2.5.2 数字示波器前操作面板功能区简介

1. 功能菜单操作区

功能菜单操作区有 5 个按键，1 个多功能旋钮和 1 个按钮。5 个按键用于操作屏幕右侧的功能菜单及子菜单；多功能旋钮用于选择和确认功能菜单中下拉菜单的选项等；按钮用于取消屏幕上显示的功能菜单。

2. **常用菜单区**

常用菜单区如图 2.9 所示。按下任一按键，屏幕右侧会出现相应的功能菜单。通过功能菜单操作区的 5 个按键可选定相应功能。功能菜单选项中有“□”符号的，表明该选项有下拉菜单。下拉菜单打开后，可转动多功能旋钮(↺)选择相应的项目并按下予以确认。功能菜单上、下有“⬆”“⬇”符号，表明功能菜单一页未显示完，可操作按键上、下翻页。功能菜单中有↺，表明该项参数可转动多功能旋钮进行设置调整。按下取消功能菜单按钮，显示屏上的功能菜单立即消失。

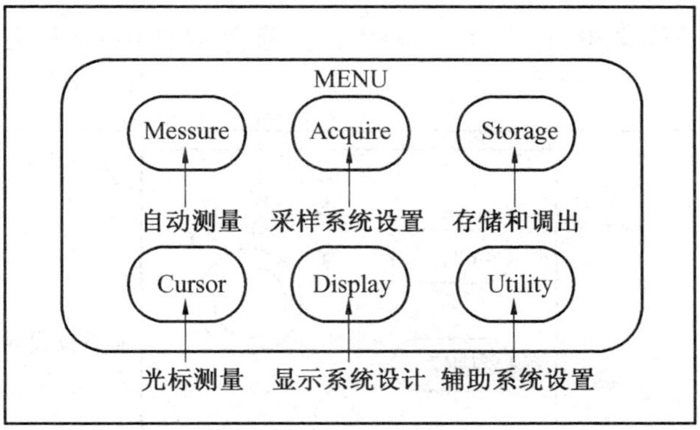

图 2.9　数字示波器常用菜单区

3. **执行按键区**

执行按键区有 AUTO（自动设置）和 RUN/STOP（运行 / 停止）两个按键。按下 AUTO 按键，示波器将根据输入的信号，自动设置和调整垂直、水平及触发方式等各项控制值，使波形显示达到最佳适宜观察状态，如需要，还可进行手动调整。按 AUTO 后，菜单显示及功能如图 2.10 所示。RUN/STOP 键为运行 / 停止波形采样按键。运行(波形采样)状态时，按键为黄色；按一下按键，停止波形采样且按键变为红色，有利于绘制波形并可在一定范围内调整波形的垂直衰减和水平时基，再按一下，恢复波形采样状态。

注意　应用自动设置功能时，要求被测信号的频率大于或等于 50 Hz，占空比大于 1%。

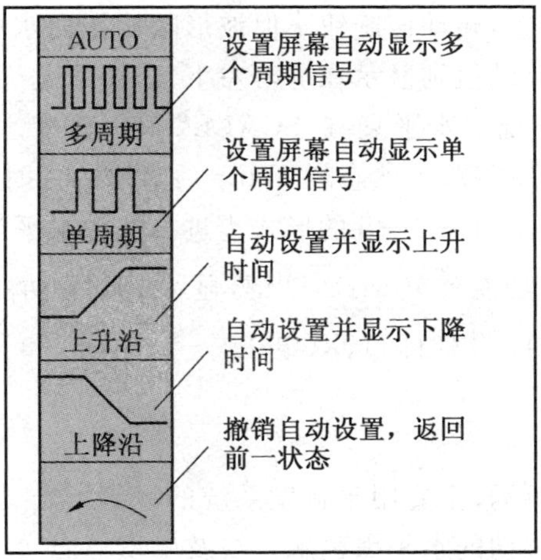

图 2.10　AUTO 按键功能菜单及作用

4. 垂直控制区

垂直控制区如图 2.11 所示。垂直位置"POSITION"旋钮可设置所选通道波形的垂直显示位置。转动该旋钮不但显示的波形会上下移动，而且所选通道的"地"(GND)标志也会随波形上下移动并显示于屏幕左状态栏，移动值则显示于屏幕左下方；按下垂直"POSITION"旋钮，垂直显示位置快速恢复到零点(即显示屏水平中心位置)处。垂直衰减"SCALE"旋钮调整所选通道波形的显示幅度。转动该旋钮改变"Volt/div(伏/格)"垂直挡位，同时下状态栏对应通道显示的幅值也会发生变化。CH1、CH2、MATH、REF为通道或方式按键，按下某按键屏幕将显示其功能菜单、标志、波形和挡位状态等信息。OFF键用于关闭当前选择的通道。

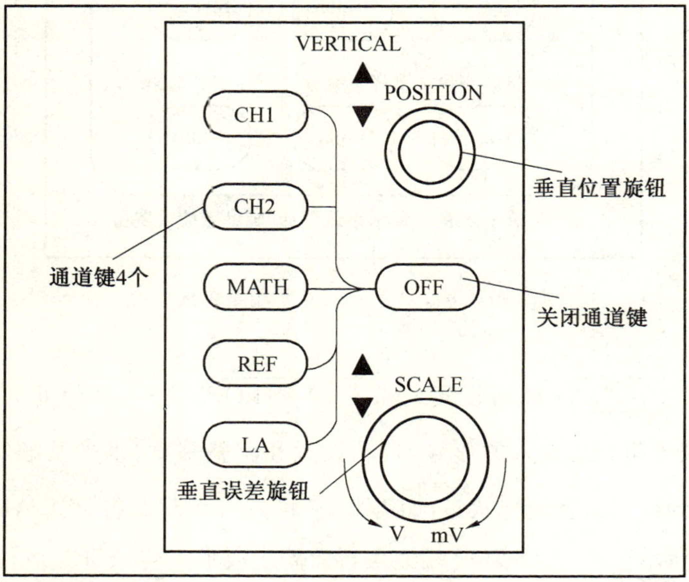

图 2.11　垂直控制区

5. 水平控制区

水平控制区如图 2.12 所示，主要用于设置水平时基。水平位置"POSITION"旋钮调整信号波形在显示屏上的水平位置，转动该旋钮不但波形随旋钮而水平移动，且触发位移标志"T"也在显示屏上部随之移动，移动值则显示在屏幕左下角；按下此旋钮触发位移恢复到水平零点(即显示屏垂直中心线位置)处。水平衰减"SCALE"旋钮改变水平时基挡位设置，转动该旋钮改变"s/div(秒/格)"水平挡位，下状态栏 Time 后显示的主时基值也会发生相应变化。水平扫描速度从 20 ns～50 s，以 1－2－5 的形式步进。按动水平"SCALE"旋钮可快速打开或关闭延迟扫描功能。按水平功能菜单MENU键，显示 TIME 功能菜单，在此菜单下，可开启/关闭延迟扫描，切换 Y(电压)－T(时间)、X(电压)－Y(电压)和 ROLL(滚动)模式，设置水平触发位移复位等。

6. 触发控制区

触发控制区如图 2.13 所示，主要用于触发系统的设置。转动"LEVEL"触发电平设置旋钮，屏幕上会出现一条上下移动的水平黑色触发线及触发标志，且左下角和上状态栏最右端触发电平的数值也随之发生变化。停止转动"LEVEL"旋钮，触发线、触发标志及左下角触发电

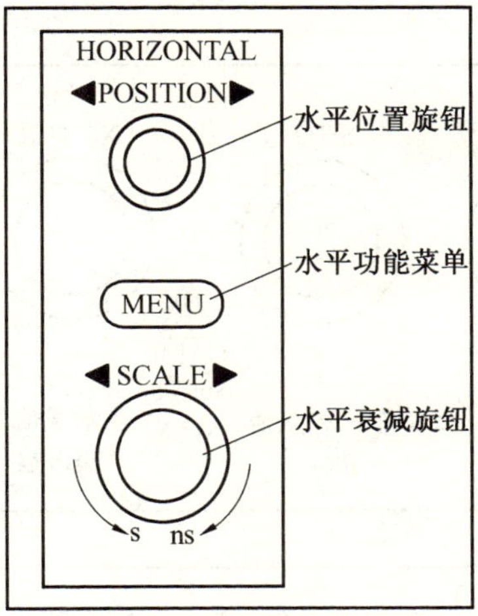

图2.12 数字示波器前面板水平控制区

平的数值会在约5 s后消失。按下“LEVEL”旋钮触发电平快速恢复到零点。按 MENU 键可调出触发功能菜单，改变触发设置。50% 按钮用于设定触发电平在触发信号幅值的垂直中点。按 FORCE 键，强制产生一触发信号，主要用于触发方式中的“普通”和“单次”模式。

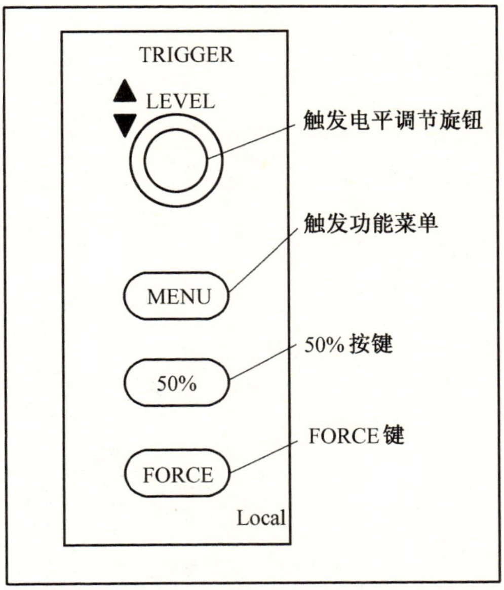

图2.13 触发控制区

7. 信号输入/输出区

信号输入/输出区如图2.14所示。“CH1”和“CH2”为信号输入通道，EXT TREIG为外触发信号输入端，最右侧为示波器校正信号输出端(输出频率1 kHz、幅值3 V的方波信号)。

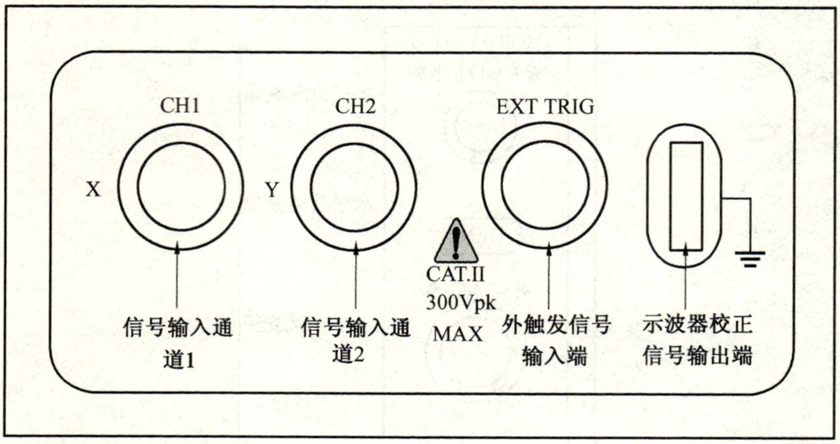

图 2.14　信号输入／输出区

8. **液晶显示区**

液晶显示区的功能是在对上述 7 个功能区进行设置和选择时做出相应显示。

第3章　电工实验

3.1　实验一　基尔霍夫定律、叠加定理和戴维宁定理

3.1.1　实验目的和意义

(1) 通过实验验证并加深对基尔霍夫定律、叠加定理和戴维宁定理的理解。

(2) 熟悉直流毫安表、万用表和直流稳压电源的使用方法。

3.1.2　实验预习要求

(1) 复习基尔霍夫定律、叠加定理和戴维宁定理的理论知识。

(2) 实验之前必须明确本次实验的目的、意义，实验原理，实验电路图；完成所有计算值的计算，并填写在实验指导书相应的栏目及表格中。

3.1.3　实验仪器与设备

(1) 数字万用表：1 块；

(2) 直流毫安表：1 块；

(3) 可调直流稳压电源：2 台；

(4) 电阻箱：1 个；

(5) 滑动可变电阻器：1 个；

(6) 电阻：7 个。

3.1.4　实验原理

1. 基尔霍夫定律

(1) 基尔霍夫电流定律。

表述一：在任一瞬时，流向某一节点的电流之和等于由该节点流出的电流之和。

表述二：在任一瞬时，一个节点上电流的代数和恒等于零。

如图 3.1 所示，根据电路图列出 KCL 方程：

$$I_1 + I_2 = I_3 \quad \text{或} \quad \sum I_i = I_1 + I_2 - I_3 = 0 \tag{3.1}$$

(2) 基尔霍夫电压定律。

表述一：在任一瞬时，在某一方向的电压降之和等于电压升之和。

表述二：在任一瞬时，沿任一回路循环反方向(顺时针方向或逆时针方向)，回路中各段电

压的代数和恒等于零。

如图 3.1 所示，根据电路图对于回路 1 列出 KVL 方程：

$$U_{S1}=I_1R_1+I_3R_3+I_1R_4 \tag{3.2}$$

或

$$I_1R_1+I_3R_3+I_1R_4-U_{S1}=0$$

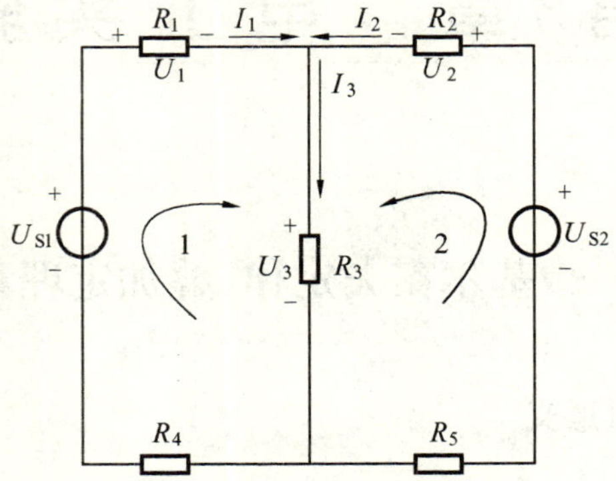

图 3.1　基尔霍夫定律和叠加定理实验电路图

2. 叠加定理

对于线性电路，任何一条支路的电流或电压，都可以看成是由电路中各个电源（电压源或电流源）分别作用时，在此支路中所产生的电流或电压的代数和。

叠加定理是体现线性电路本质的最重要的电路定理，对于线性电路中电压、电流的分析计算有十分重要的作用。

如图 3.1 所示，根据电路图列出电路中电阻 R_1 两端的电压的叠加公式。

U_{S1} 单独作用时

$$U'_1=\frac{R_1}{R_1+R_4+R_3 /\!/ (R_2+R_5)}U_{S1} \tag{3.3}$$

U_{S2} 单独作用时

$$U''_1=\frac{R_1R_3}{[R_2+R_5+R_3 /\!/ (R_1+R_4)][R_1+R_4+R_3]}U_{S2} \tag{3.4}$$

U_{S1} 和 U_{S2} 共同作用时

$$U_1=U'_1+U''_1 \tag{3.5}$$

3. 戴维宁定理

任何一个有源二端线性网络都可以用一个电动势为 U_{oc} 的理想电压源和内阻 R_0 的电阻串联来等效代替。则这个等效电源的电动势 U_{oc} 等于二端网络的开路电压，内阻 R_0 等于从二端网络看进去所有电源不起作用（电压源短路，电流源开路）时的等效电阻。

有源二端网络的电路图如图 3.2 所示，其等效的电路图如图 3.3 所示。

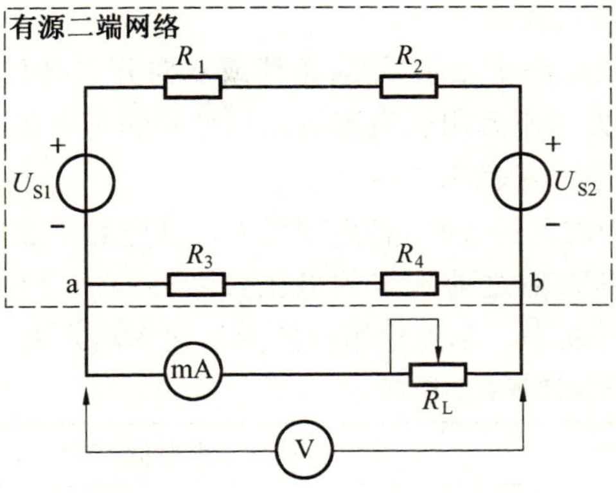

图 3.2　戴维宁定理实验电路图

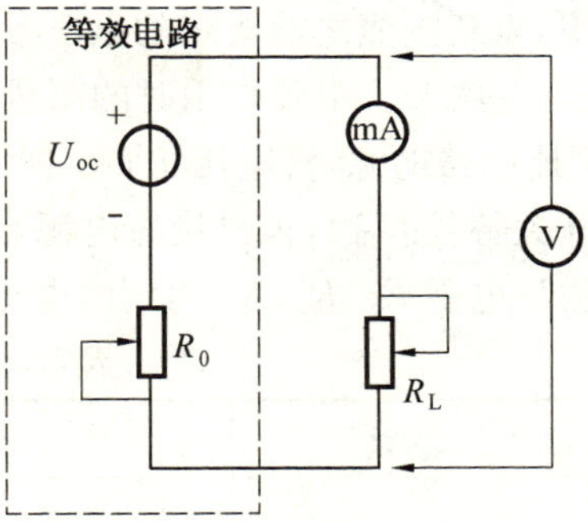

图 3.3　戴维宁定理等效电路图

3.1.5　实验内容

1. 基尔霍夫定律

(1) 参照图 3.1 正确连接线路，电路中电阻的参考阻值为 $R_1=1\ \text{k}\Omega$，$R_2=510\ \Omega$，$R_3=200\ \Omega$，$R_4=200\ \Omega$，$R_5=300\ \Omega$；电压源的参考电压值为 $U_{S1}=15\ \text{V}$，$U_{S2}=6\ \text{V}$。

(2) 接通电源，按照图 3.1 标出的电流参考方向用直流毫安表分别测量各支路的电流，并将测量数据及计量单位准确填入表 3.1(a) 中。

表 3.1(a)　基尔霍夫电流定律实验数据

	I_1	I_2	I_3
计算值			
测量值			

(3) 用万用表的直流电压挡分别测量图 3.1 回路 1 的每个元器件两端的电压，并将测量数据准确填入表 3.1(b) 中。测量前首先要规定出电压升为正还是电压降为正。任选其他一个回路例如图 3.1 所示的回路 2，并在电路图中标出回路方向，然后测量各元器件两端的电压，将测量数据填入表 3.1(b) 中。

表 3.1(b)　基尔霍夫电压定律实验数据

正电压的规定：□ 电压升为正，□ 电压降为正；单位：V。						
		U_1	U_2	U_3	U_4	U_5
回路 1	计算值					
	测量值					
回路 2	计算值					
	测量值					

2. 叠加定理

(1) 参照图 3.1 正确连接线路，电路中电阻的参考阻值为 $R_1=1\ \text{k}\Omega$，$R_2=510\ \Omega$，$R_3=200\ \Omega$，$R_4=200\ \Omega$，$R_5=300\ \Omega$；电压源的参考电压值为 $U_{S1}=15\ \text{V}$，$U_{S2}=6\ \text{V}$。

(2) 接通电源，按照图 3.1 标出的各电阻的电压参考方向，用万用表直流电压挡分别测量

电阻 R_1、R_2、R_3 两端的电压，并将测量数据填入表 3.2 中。

（3）关掉电路电源，然后将电压源 U_{S2} 从电路中去除（用短路线或双向开关替代 U_{S2}）。再次接通电源，重新按照之前规定的电压参考方向用万用表直流电压挡分别测量电阻 R_1、R_2、R_3 两端的电压，并将 U_{S1} 单独作用时的测量数据填入表 3.2 中。

（4）关掉电路电源，将电压源 U_{S2} 恢复为之前的连接，将电压源 U_{S1} 从电路中去除（用短路线或双向开关替代 U_{S1}），再次接通电源，重新按照之前规定的电压参考方向用万用表直流电压挡分别测量电阻 R_1、R_2、R_3 两端的电压，并将 U_{S2} 单独作用时的测量数据填入表 3.2 中。

表 3.2　叠加定理实验数据

	计算值 /V			测量值 /V		
U_{S1}，U_{S2} 共同作用	U_{R1}	U_{R2}	U_{R3}	U_{R1}	U_{R2}	U_{R3}
U_{S1} 单独作用	U'_{R1}	U'_{R2}	U'_{R3}	U'_{R1}	U'_{R2}	U'_{R3}
U_{S2} 单独作用	U''_{R1}	U''_{R2}	U''_{R3}	U''_{R1}	U''_{R2}	U''_{R3}

3. 戴维宁定理

（1）参照图 3.2 正确连接线路，电路中电阻的参考阻值为 $R_1=620\ \Omega$，$R_2=100\ \Omega$，$R_3=100\ \Omega$，$R_4=200\ \Omega$；电压源的参考电压值为 $U_{S1}=6\ V$，$U_{S2}=15\ V$。

（2）测定有源二端网络的开路电压 U_{oc}。开路电压 U_{oc} 的测定方法是：将图 3.2 中的直流毫安表与 R_L 的支路断开后接通电源，得到有源二端网络，如图 3.4 所示。然后用万用表的直流电压挡测得图中 a、b 两端电压 U_{ab} 即为开路电压 U_{oc}，并将测量数据及计量单位准确填入表 3.3(a) 中。

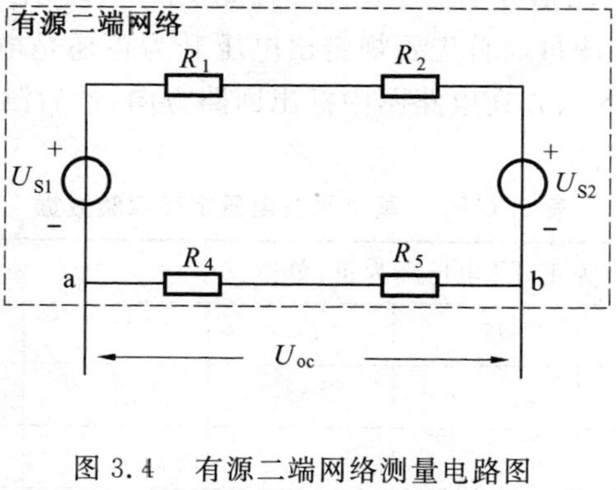

图 3.4　有源二端网络测量电路图

（3）等效内阻 R_0 的测定。若有源二端网络各电源是理想电压源，则可在关闭电源后取下 U_{S1} 和 U_{S2}，而后用短路线代替电源，使二端网络变为无源网络。此时用万用表的电阻挡测量该网络 a、b 两端间的电阻 R_{ab} 的阻值，即为等效内阻 R_0 的阻值，并将测量数据及计量单位准确填入表 3.3(a) 中。

（4）测定原电路的外特性曲线。将毫安电流表与 R_L 的支路重新连接到电路中，接通电源，将万用表正确并联到 a、b 两端，分次调节负载 R_L 的电阻值，选取三个不同的阻值，测量对应的电压及电流值，并将测量数据及计量单位准确填入表 3.3(a) 中。根据这三组测量值按一定比例尺画出伏安特性曲线，并根据曲线求出 U_{oc} 和 R_0 的值，将计算结果与实验结果相对照，进行误差分析。

表 3.3(a)　有源二端网络戴维宁定理电路实验数据

	计算值		测量值		实验曲线求得值		
二端口网络	U_{oc}	R_0	U_{oc}	R_0	U_{oc}	I_S	R_0
电路外特性	R_L =		R_L =		R_L =		
	U_1	I_1	U_2	I_2	U_3	I_3	

(5) 测定戴维宁等效电路的外特性曲线。参照图 3.3 正确连接线路，选择直流稳压电源的一路输出，将其电压值调节至 U_{oc} 的测量值；选择一个可调电阻作为等效内阻 R_0，调节其阻值为 R_{ab} 的测量值，由 U_{oc} 与 R_0 串联组成一个新的电压源，它就是图 3.2 电路中有源二端网络的戴维宁等效电源。然后将毫安电流表与 R_L 正确连接到电路中，将万用表正确并联到负载两端。接通电源，分次调节负载 R_L 的电阻值与表 3.3(a) 中选择的三个阻值相同，测出对应的三组电压 U 及电流 I 的数据，将测量数据及计量单位准确填入表 3.3(b) 中。根据实验数据按一定比例尺作出戴维宁等效电源的外特性曲线，与第(3) 步的外特性曲线相对照，进行误差分析。

表 3.3(b)　戴维宁定理等效电路实验数据

R_L =		R_L =		R_L =		实验曲线求得值		
U_1	I_1	U_2	I_2	U_3	I_3	U_{oc}	I_S	R_0

3.1.6　实验注意事项

(1) 使用直流稳压电源作为实验电路的直流电源时，首先调整其各路输出的电压值与实验要求的电压一致，且要在连接线路之前用万用表的直流电压挡进行测定校准。

(2) 实验电路连接完成后一定要认真检查，确认无误后方可接通电源，接通电源时要注意监视各仪表的指示及电路状态，有疑问应立即关闭电源并及时请教指导老师帮助解决问题。

(3) 实验前必须认真阅读仪器仪表的使用方法及注意事项，实验过程中要严格执行仪器仪表的使用规则及其测量方法。

3.1.7　实验思考题

(1) 利用本实验的仪器设备，如何测定一未知电压源的输出电压和内阻？

(2) 如图 3.5 所示微安计与电阻串联组成的多量程电压表，已知微安计内阻 $R_1 = 1\ \text{k}\Omega$，各挡分压电阻分别为 $R_2 = 9\ \text{k}\Omega$，$R_3 = 90\ \text{k}\Omega$，$R_4 = 900\ \text{k}\Omega$；这个电压表的最大量程(用端钮“0”、“4”测量，端钮“1”、“2”、“3”均断开) 为 500 V。试计算表头所允许通过的最大电流及其他量程的电压值。

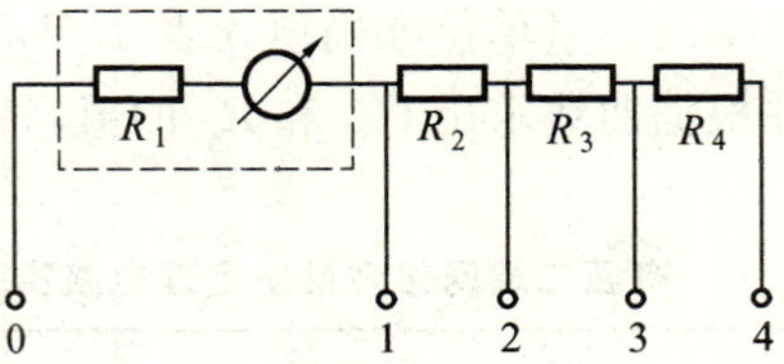

图 3.5　多量程电压表电路图

3.1.8　实验报告要求

(1) 实验数据处理过程要写在实验报告上。

(2) 曲线必须画在坐标纸上，由曲线得出的数据在实验后完成并填入相应的数据记录表中。

(3) 实验结果分析及实验结论要根据实验结果给出。

(4) 实验的感想、意见和建议写在实验结论之后。

3.2　实验二　单相交流电交流参数测试及日光灯电路实验

3.2.1　实验目的和意义

(1) 用实验的方法测定单一元件正弦交流电路基本参数。

(2) 验证 RLC 串联交流电路基尔霍夫定律。

(3) 学习使用交流电流表、电压表和功率表。

(4) 学习日光灯的实际接线。

3.2.2　实验预习要求

(1) 复习相量的欧姆定律和基尔霍夫定律的表达形式。

(2) 实验之前必须明确本次实验的目的、意义，实验原理；完成所有计算值的计算，填写在实验指导书相应的栏目及表格中。

3.2.3　实验仪器与设备

(1) 数字万用表：1 块；

(2) 交流电流表、功率表：各 1 个；

(3) 变压器：1 台；

(4) 电感线圈、电阻器、电容器：各 1 个；

(5) 日光灯电路：1 套。

3.2.4　实验原理

在正弦交流电路中，电路的阻抗为 $Z=R+\mathrm{j}X$。又根据 $R=\frac{P}{I^2}$，$Z=\frac{U}{I}$，$X=\sqrt{Z^2-R^2}$，则可以通过测量电路的 U、I、P 来计算电路的等效参数 R，X，Z。

单一元器件电阻、电感、电容的交流参数测试电路如图 3.6 所示。

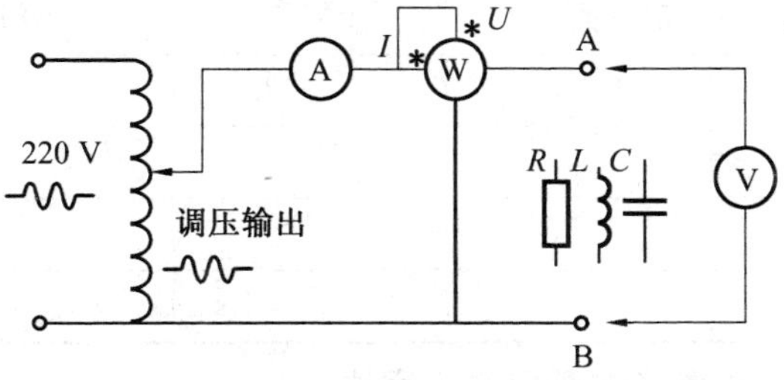

图 3.6　单相交流参数测试电路

对于 RLC 串联电路，如图 3.7 所示，电路中的阻抗表示为

$$Z=(R+r_L)+\mathrm{j}(X_L-X_C) \tag{3.6}$$

式中，R 为电阻，r_L 为电感线圈的电阻值；X_L 为电感线圈的感抗；X_C 为电容器的容抗。

电路中的电压电流关系满足相量形式的欧姆定律：

$$\dot{U}_{AB}=\dot{I}Z=\dot{I}[(R+r_L)+\mathrm{j}(X_L-X_C)] \tag{3.7}$$

电路中的电压关系满足相量形式的基尔霍夫电压定律：

$$\dot{U}_{AB}=\dot{U}_R+\dot{U}_{Lr}+\dot{U}_C \tag{3.8}$$

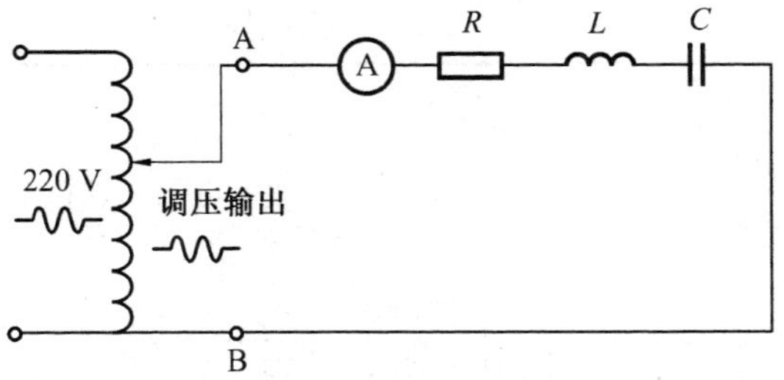

图 3.7　RLC 串联电路

3.2.5　实验内容

1. 单一元件交流参数测试

实验中所用元器件参考值为电阻 $R=51\ \Omega$，电容 $C=25\ \mu\mathrm{F}$，电感线圈电感值 $L=60\ \mathrm{mH}$、内阻 $r_L=26\ \Omega$。

(1) 实验步骤。

调节变压器的输出为 30 V，并注意在实验过程中保持此电压值不变。参照图 3.6 正确连接线路，分别将电阻器、电容器、电感线圈连接在 A、B 两点之间。测量出对应的三组电流 I、电压 U 及功率 P，将测量数据及计量单位准确填入表 3.4 中。并根据测量值计算出元件参数值，再与电路实际选用的元器件参数值相比较，进行误差分析。

(2) 实验数据记录。

表 3.4 单一元件交流参数测试实验数据记录

被测元件	测量值			计算值			
	U_{AB}	I	P	R	L	r_L	C
电阻器					\	\	\
电感线圈				\			\
电容器				\	\	\	

2. *RLC* 串联电路验证相量形式基尔霍夫定律

调节变压器输出为 50 V,并注意在实验过程中保持此电压值不变。参照图 3.7 正确连接线路,测量电路中的电流值和各元件的交流电压值,将测量数据准确填入表 3.5 中,并通过相量计算验证基尔霍夫电压定律。

注意 ① 因电感线圈有内阻,$\dot{U}_{Lr}=\dot{U}_L+\dot{U}_r$,其中 $\dot{U}_r$ 为线圈上电阻的电压,$\dot{U}_L$ 为线圈上电感的电压。

② 交流电压表、电流表测出的值均为有效值,计算时需化成相量值。

表 3.5 *RLC* 串联电路验证基尔霍夫定律

U_{AB}/V	U_R/V	U_{Lr}/V	U_C/V	I/A
50				

3. 日光灯电路实验

(1) 实验步骤。

参考电路如图 3.8 所示。

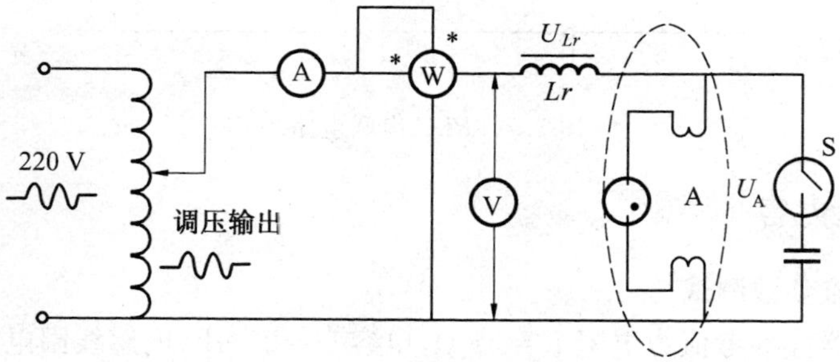

图 3.8 日光灯实验电路

先将变压器电压输出调节到最小,然后连接线路,经指导教师检查正确后接通电源,调节电压的输出,使其输出电压缓慢增大,直到日光灯刚好能够启辉点亮为止,记下电压表、电流表、功率表的指示值,并准确填入表 3.6 中。然后将电压调整至 220 V,重新测量功率 P,电流 I,电压 U、U_{Lr}、U_A 等值,将测量数据准确填入表 3.6 中,验证电压、电流相量关系并计算电阻和功率因数的数值。

(2) 实验数据记录。

表 3.6　日光灯实验数据记录

	测量数据					计算值	
	P/W	I/A	U/V	U_{Lr}/V	U_A/V	r/Ω	$\cos\varphi$
启辉值							
正常工作值							

3.2.6　实验注意事项

(1) 变压器接入电路之前一定要先调整到实验要求的电压值，并反复测量确保电压正确。每次调整变压器一定要把外接电路全部断开。

(2) 实验使用的电流表和功率表在电路中的连接一定要确保正确，必要时请指导教师检查后再通电，以确保仪器仪表安全。

(3) 实验过程中注意观察元器件及仪表状态，发生元器件过热等情况应立刻停止实验，断开电源，检查电路。

(4) 电容器经过长时间使用，应做放电处理后再进行参数测试。

3.2.7　实验思考题

(1) 利用实验室现有设备实现 *RLC* 无源网络的阻抗性质的判定。

(2) 简述提高感性负载的功率因数的方法及依据。

3.2.8　实验报告要求

(1) 实验数据处理过程要写在实验报告上。

(2) 根据各实验结果数据，按要求进行数据处理，计算误差，并画出相应的相量图。

(3) 实验结果分析及实验结论要根据实验结果给出。

(4) 实验的感想、意见和建议写在实验结论之后。

3.3　实验三　三相电路

3.3.1　实验目的和意义

(1) 掌握对称三相电路线电压与相电压、线电流与相电流之间的数量关系。

(2) 了解三相四线制供电线路的中线作用。

(3) 学习电阻性三相负载的星形连接和三角形连接方法。

(4) 学习用单相瓦特计测量对称三相电路功率的方法。

(5) 训练独立安排简单电工实验的工作能力。

3.3.2　实验预习要求

(1) 复习三相电路负载星形连接和三角形连接时的电路特性知识。

(2) 实验之前必须明确本次实验的目的、意义，实验原理，实验电路图；明确电路在平衡负载和不平衡负载时电路中电流电压及中性线电流的计算和测量方法，理解中性线的作用。

3.3.3 实验仪器与设备

(1) 数字万用表：1 块；

(2) 交流电流表：1 块；

(3) 单相功率表：1 块；

(4) 电源：三相四线制，线电压 380 V；

(5) 电灯泡(60 W、220 V)：6 只。

3.3.4 实验原理

1. 负载星形连接的三相电路

(1) 有中线。

负载星形连接的三相四线制(有中线) 电路如图 3.9 所示，电压和电流的正方向都已在图中标出。每相负载中的电流 I_P 称为相电流，每根火线中的电流 I_L 称为线电流。当负载为星形连接时，相电流即为线电流，即 $I_P = I_L$。

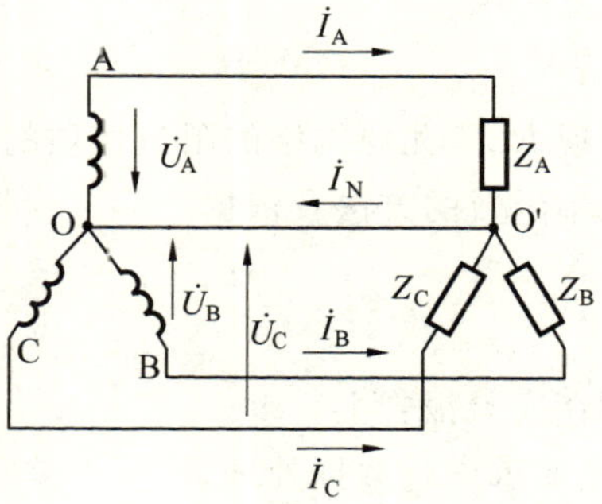

图 3.9 三相四线制电路

由于 $\dot{U}_{OO'} = 0$，所以 $\dot{U}_{AO'} = \dot{U}_A$，$\dot{U}_{BO'} = \dot{U}_B$，$\dot{U}_{CO'} = \dot{U}_C$。则有

$$\dot{I}_A = \frac{\dot{U}_A}{Z_A} \tag{3.9}$$

$$\dot{I}_B = \frac{\dot{U}_B}{Z_B} \tag{3.10}$$

$$\dot{I}_C = \frac{\dot{U}_C}{Z_C} \tag{3.11}$$

$$\dot{I}_N = \dot{I}_A + \dot{I}_B + \dot{I}_C \tag{3.12}$$

当负载对称时(即 $Z_A = Z_B = Z_C = Z$)，因为电压对称，所以负载相电流也是对称的，即

$$I_A = I_B = I_C = I_P = \frac{U_P}{|Z|} \tag{3.13}$$

$$\varphi_A = \varphi_B = \varphi_C = \varphi = \arctan\frac{X}{R} \tag{3.14}$$

此时 $\dot{I}_O = 0$。

中线中既然没有电流通过，就可以去除中线。因此图 3.9 所示的电路就变为图 3.10 所示的电路，这就是三相三线制电路。

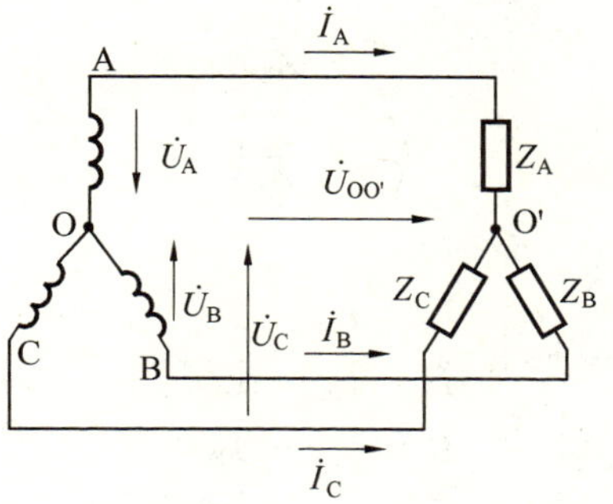

图 3.10　三相三线制电路

(2) 无中线。

负载星形连接的三相三线制(无中线)电路如图 3.10 所示,电压和电流的正方向都已在图中标出。

$$\dot{U}_{OO'}=\frac{\frac{\dot{U}_A}{Z_A}+\frac{\dot{U}_B}{Z_B}+\frac{\dot{U}_C}{Z_C}}{\frac{1}{Z_A}+\frac{1}{Z_B}+\frac{1}{Z_C}} \tag{3.15}$$

当负载对称时($Z_A=Z_B=Z_C=Z$),$\dot{U}_{O'O}=0$(与有中线时情况相同)。

当负载不对称时,由于 $\dot{U}_{O'O}\neq 0$,有

$$\dot{I}_A=\frac{\dot{U}_A-\dot{U}_{O'O}}{Z_A} \tag{3.16}$$

$$\dot{I}_B=\frac{\dot{U}_B-\dot{U}_{O'O}}{Z_B} \tag{3.17}$$

$$\dot{I}_C=\frac{\dot{U}_C-\dot{U}_{O'O}}{Z_C} \tag{3.18}$$

2. 负载三角形连接的三相电路

负载三角形连接的三相电路如图 3.11 所示,电压和电流的正方向都已在图中标出。因为各相负载都直接接在电源的线电压上,所以负载的相电压与电源的线电压相等。

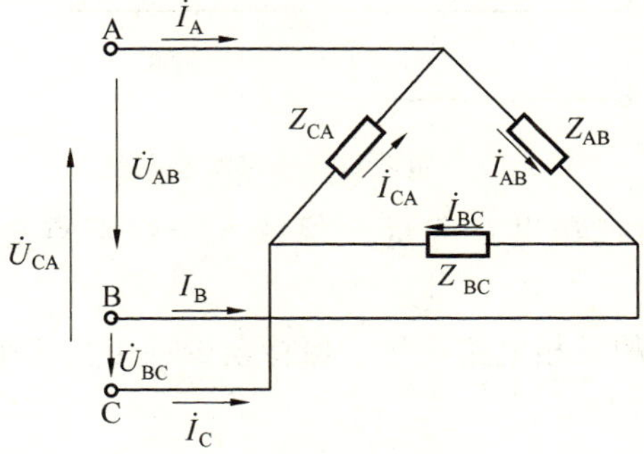

图 3.11　负载三角形连接的三相电路

负载的相电流:

$$\dot{I}_{AB}=\frac{\dot{U}_{AB}}{Z_{AB}} \tag{3.19}$$

$$\dot{I}_{BC}=\frac{\dot{U}_{BC}}{Z_{BC}} \tag{3.20}$$

$$\dot{I}_{CA}=\frac{\dot{U}_{CA}}{Z_{CA}} \tag{3.21}$$

线电流：

$$\dot{I}_{A}=\dot{I}_{AB}-\dot{I}_{CA} \tag{3.22}$$

$$\dot{I}_{B}=\dot{I}_{BC}-\dot{I}_{AB} \tag{3.23}$$

$$\dot{I}_{C}=\dot{I}_{CA}-\dot{I}_{BC} \tag{3.24}$$

当负载对称时，线电流的有效值是相电流的$\sqrt{3}$倍。

3.3.5 实验内容

1. 阻性负载星形连接的三相电路

将变压器相电压调整到127 V。选择6个60 W、220 V的电灯泡两两并联连接到三相电路中，负载连接如图3.12所示。在下列各种情况下分别测量三相负载的线电压、相电压及中点间电压，三相负载的线电流、相电流及中线电流，三相负载的有功功率。将测量数据分别填入表3.7(a)～(g)中，并作出相应的相量图。

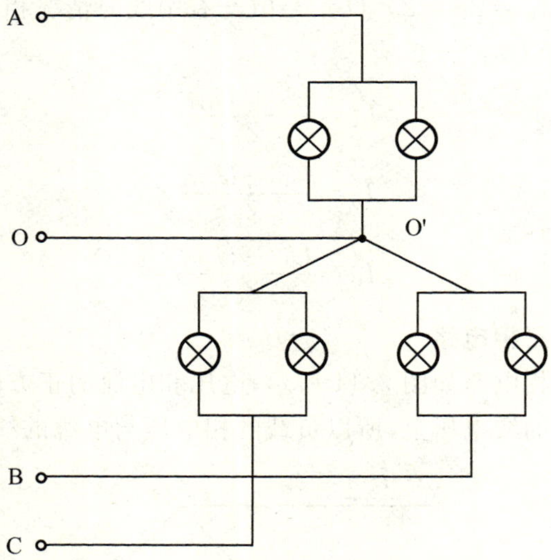

图3.12 负载星形连接实验电路图

(1) 有中线负载对称的三相电路测量。保持6个灯都点亮，将测量数据准确填入表3.7(a)中。

(2) 有中线负载不对称的三相电路测量。保持至少一相亮2个灯，至少一相亮1个灯，将测量数据准确填入表3.7(b)中。

表 3.7(a) 有中线负载对称的三相电路测量

线电压 /V			相电压 /V			中点间电压 /V	相量图
U_{AB}	U_{BC}	U_{CA}	$U_{AO'}$	$U_{BO'}$	$U_{CO'}$	$U_{OO'}$	
线电流 /A			相电流 /A			中线电流 /A	
I_A	I_B	I_C	$I_{AO'}$	$I_{BO'}$	$I_{CO'}$	$I_{OO'}$	
有功功率 /W			U_L 与 U_P 有无$\sqrt{3}$ 关系				
P_A	P_B	P_C					

表 3.7(b) 有中线负载不对称的三相电路测量

线电压 /V			相电压 /V			中点间电压 /V	相量图
U_{AB}	U_{BC}	U_{CA}	$U_{AO'}$	$U_{BO'}$	$U_{CO'}$	$U_{OO'}$	
线电流 /A			相电流 /A			中线电流 /A	
I_A	I_B	I_C	$I_{AO'}$	$I_{BO'}$	$I_{CO'}$	$I_{OO'}$	
有功功率 /W			U_L 与 U_P 有无$\sqrt{3}$ 关系				
P_A	P_B	P_C					

*(3) 有中线一相断路的三相电路测量。保持一相亮 2 个灯，一相亮 1 个灯，另外一相断路，2 个灯全灭，将测量数据准确填入表 3.7(c) 中。

表 3.7(c) 有中线一相断路的三相电路测量

线电压 /V			相电压 /V			中点间电压 /V	相量图
U_{AB}	U_{BC}	U_{CA}	$U_{AO'}$	$U_{BO'}$	$U_{CO'}$	$U_{OO'}$	
线电流 /A			相电流 /A			中线电流 /A	
I_A	I_B	I_C	$I_{AO'}$	$I_{BO'}$	$I_{CO'}$	$I_{OO'}$	
有功功率 /W			U_L 与 U_P 有无$\sqrt{3}$ 关系				
P_A	P_B	P_C					

(4) 无中线负载对称的三相电路测量。断开中性线，负载对称，每相负载由 2 个灯泡组成，且全亮，将测量数据准确填入表 3.7(d) 中。

表 3.7(d)　无中线负载对称的三相电路测量

<table>
<tr><td colspan="3">线电压 /V</td><td colspan="3">相电压 /V</td><td>中点间电压 /V</td><td>相量图</td></tr>
<tr><td>U_{AB}</td><td>U_{BC}</td><td>U_{CA}</td><td>$U_{AC'}$</td><td>$U_{BO'}$</td><td>$U_{CO'}$</td><td>$U_{OO'}$</td><td rowspan="8"></td></tr>
<tr><td></td><td></td><td></td><td></td><td></td><td></td><td></td></tr>
<tr><td colspan="3">线电流 /A</td><td colspan="3">相电流 /A</td><td>中线电流 /A</td></tr>
<tr><td>I_A</td><td>I_B</td><td>I_C</td><td>$I_{AO'}$</td><td>$I_{BO'}$</td><td>$I_{CO'}$</td><td>$I_{OO'}$</td></tr>
<tr><td></td><td></td><td></td><td></td><td></td><td></td><td></td></tr>
<tr><td colspan="3">有功功率 /W</td><td colspan="3" rowspan="2">U_L 与 U_P 有无$\sqrt{3}$ 关系</td><td rowspan="3"></td></tr>
<tr><td>P_A</td><td>P_B</td><td>P_C</td></tr>
<tr><td></td><td></td><td></td><td colspan="3"></td></tr>
</table>

(5) 无中线负载不对称的三相电路测量。保持至少一相亮 2 个灯，至少一相亮 1 个灯，将测量数据准确填入表 3.7(e) 中。

表 3.7(e)　无中线负载不对称的三相电路测量

<table>
<tr><td colspan="3">线电压 /V</td><td colspan="3">相电压 /V</td><td>中点间电压 /V</td><td>相量图</td></tr>
<tr><td>U_{AB}</td><td>U_{BC}</td><td>U_{CA}</td><td>$U_{AO'}$</td><td>$U_{BO'}$</td><td>$U_{CO'}$</td><td>$U_{OO'}$</td><td rowspan="8"></td></tr>
<tr><td></td><td></td><td></td><td></td><td></td><td></td><td></td></tr>
<tr><td colspan="3">线电流 /A</td><td colspan="3">相电流 /A</td><td>中线电流 /A</td></tr>
<tr><td>I_A</td><td>I_B</td><td>I_C</td><td>$I_{AO'}$</td><td>$I_{BO'}$</td><td>$I_{CO'}$</td><td>$I_{OO'}$</td></tr>
<tr><td></td><td></td><td></td><td></td><td></td><td></td><td></td></tr>
<tr><td colspan="3">有功功率 /W</td><td colspan="3" rowspan="2">U_L 与 U_P 有无$\sqrt{3}$ 关系</td><td rowspan="3"></td></tr>
<tr><td>P_A</td><td>P_B</td><td>P_C</td></tr>
<tr><td></td><td></td><td></td><td colspan="3"></td></tr>
</table>

*(6) 无中线一相断路的三相电路测量。保持一相亮 2 个灯，一相亮 1 个灯，另外一相断路，2 个灯全灭，将测量数据准确填入表 3.7(f) 中。

表 3.7(f)　无中线一相断路的三相电路测量

<table>
<tr><td colspan="3">线电压 /V</td><td colspan="3">相电压 /V</td><td>中点间电压 /V</td><td>相量图</td></tr>
<tr><td>U_{AB}</td><td>U_{BC}</td><td>U_{CA}</td><td>$U_{AO'}$</td><td>$U_{BO'}$</td><td>$U_{CO'}$</td><td>$U_{OO'}$</td><td rowspan="8"></td></tr>
<tr><td></td><td></td><td></td><td></td><td></td><td></td><td></td></tr>
<tr><td colspan="3">线电流 /A</td><td colspan="3">相电流 /A</td><td>中线电流 /A</td></tr>
<tr><td>I_A</td><td>I_B</td><td>I_C</td><td>$I_{AO'}$</td><td>$I_{BO'}$</td><td>$I_{CO'}$</td><td>$I_{OO'}$</td></tr>
<tr><td></td><td></td><td></td><td></td><td></td><td></td><td></td></tr>
<tr><td colspan="3">有功功率 /W</td><td colspan="3" rowspan="2">U_L 与 U_P 有无$\sqrt{3}$ 关系</td><td rowspan="3"></td></tr>
<tr><td>P_A</td><td>P_B</td><td>P_C</td></tr>
<tr><td></td><td></td><td></td><td colspan="3"></td></tr>
</table>

*(7) 无中线一相短路的三相电路测量。保持一相亮 2 个灯，一相亮 1 个灯，另外一相将 2 个灯短路，将测量数据准确填入表 3.7(g) 中。

表 3.7(g)　无中线一相短路的三相电路测量

线电压 /V			相电压 /V			中点间电压 /V	相量图
U_{AB}	U_{BC}	U_{CA}	$U_{AO'}$	$U_{BO'}$	$U_{CO'}$	$U_{OO'}$	
线电流 /A			相电流 /A			中线电流 /A	
I_A	I_B	I_C	$I_{AO'}$	$I_{BO'}$	$I_{CO'}$	$I_{OO'}$	
有功功率 /W			U_L 与 U_P 有无$\sqrt{3}$ 关系				
P_A	P_B	P_C					

2. 阻性负载三角形连接的三相电路

负载三角形连接的三相电路如图 3.13 所示。将相电压保持 127 V 不变，确保线电压为 220 V，在下列各种情况下，分别测量三相负载的线电压、相电压，三相负载的线电流、相电流，三相负载的有功功率，将测量数据准确填入表 3.8(a) ～ (d) 中，并作出相应的相量图。

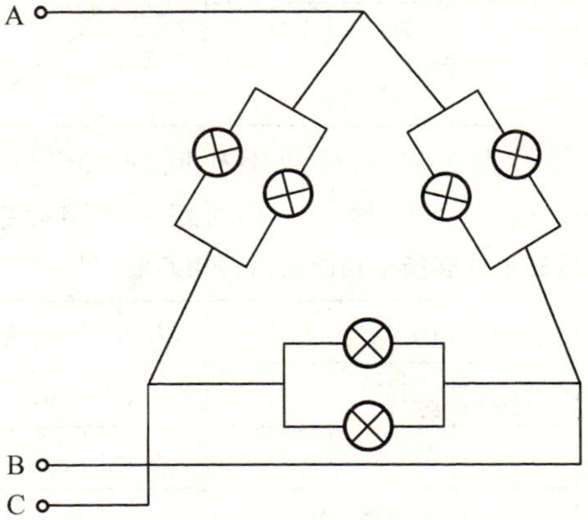

图 3.13　负载三角形连接的三相电路图

(1) 三角形连接负载对称的三相电路测量。负载对称，每相负载由 2 个灯泡组成，且全亮，将测量数据准确填入表 3.8(a) 中。

表 3.8(a)　三角形连接负载对称的三相电路测量

线电流 /A			相电流 /A			I_L 与 I_P 有无$\sqrt{3}$ 关系	相量图
I_A	I_B	I_C	I_{AB}	I_{BC}	I_{CA}		
线(相) 电压 /V			有功功率 /V				
U_{AB}	U_{BC}	U_{CA}	P_{AB}	P_{BC}	P_{CA}		

(2) 三角形连接负载不对称的三相电路测量。保持至少一相亮 2 个灯，至少一相亮 1 个灯，将测量数据准确填入表 3.8(b) 中。

表 3.8(b)　三角形连接负载不对称的三相电路测量

线电流 /A			相电流 /A			I_L 与 I_P 有无 $\sqrt{3}$ 关系	相量图
I_A	I_B	I_C	I_{AB}	I_{BC}	I_{CA}		
线(相) 电压 /V			有功功率 /V				
U_{AB}	U_{BC}	U_{CA}	P_{AB}	P_{BC}	P_{CA}		

(3) 三角形连接一相断路另两相负载相同的三相电路测量。保持两相亮 2 个灯，另外一相断路。将测量数据准确填入表 3.8(c) 中。

表 3.8(c)　三角形连接一相断路另两相负载相同的三相电路测量

线电流 /A			相电流 /A			I_L 与 I_P 有无 $\sqrt{3}$ 关系	相量图
I_A	I_B	I_C	I_{AB}	I_{BC}	I_{CA}		
线(相) 电压 /V			有功功率 /V				
U_{AB}	U_{BC}	U_{CA}	P_{AB}	P_{BC}	P_{CA}		

(4) 高压三角形连接一相断路另两相负载不相同的三相电路测量。将线电压调整到 330 V，保持一相亮 2 个灯，一相亮 1 个灯，另外一相断路。将测量数据准确填入表 3.8(d) 中。

表 3.8(d)　高压三角形连接一相断路另两相负载不相同的三相电路测量

线电流 /A			相电流 /A			I_L 与 I_P 有无 $\sqrt{3}$ 关系	相量图
I_A	I_B	I_C	I_{AB}	I_{BC}	I_{CA}		
线(相) 电压 /V			有功功率 /V				
U_{AB}	U_{BC}	U_{CA}	P_{AB}	P_{BC}	P_{CA}		

3.3.6　实验注意事项

(1) 为了保证安全，本实验采取线电压 220 V，相电压 127 V 进行实验，注意按要求调节变压器输出。在实验过程中要随时监测三相电压值，确保各相电压保持不变。

(2) 连接电路时一定注意连接线要牢固，裸露的金属部分不要发生短路，调整电路时一定要先断开电源。

(3) 做不平衡负载实验可以采用开关连接切换电路。

3.3.7 实验思考题

(1) 负载星形连接时,中线的作用是什么?为什么中线不允许装保险丝和开关?

(2) 负载对称,星形连接,无中线,若有一相负载发生断路故障时,对其余两相负载的影响如何?灯泡亮度有何变化?

(3) 负载对称,三角形连接,若一根火线出现断路故障时,对各相负载的影响如何?灯泡亮度有何变化?

3.3.8 实验报告要求

(1) 实验数据处理过程要写在实验报告上。

(2) 根据各实验结果数据,按要求进行数据处理,计算误差,并画出相应的相量图。

(3) 实验结果分析及实验结论要根据实验结果给出。

(4) 实验的感想、意见和建议写在实验结论之后。

3.4 实验四 一阶电路的响应

3.4.1 实验目的和意义

(1) 学习信号发生器及示波器的使用。

(2) 通过观察 *RC* 一阶电路的暂态过程,加深电路参数对暂态过程影响的理解。

(3) 学习用示波器测定 *RC* 电路暂态过程时间常数的方法。

(4) 了解时间常数对微分电路和积分电路输出波形的影响。

3.4.2 实验预习要求

(1) 复习一阶 *RC* 电路的暂态过程的工作过程,积分电路及微分电路的工作原理。

(2) 实验之前必须明确本次实验的目的、意义,实验原理,实验电路图;明确时间常数与脉宽的关系,分析不同的时间常数对电路输出波形的影响。

(3) 明确实验中采用不同的 *RC* 参数时输出波形的变化。

3.4.3 实验仪器与设备

(1) 双踪示波器:1 台;

(2) 函数信号发生器:1 台;

(3) 数字万用表:1 块;

(4) 电阻,电容(参数不同):各 4 个;

(5) 可变电阻器:1 个。

3.4.4 实验原理

(1)*RC* 电路电容器的充、放电过程,理论上需持续无穷长的时间,但从工程应用角度考虑,可以认为经过$(3\sim5)\tau$的时间即已基本结束,其实际持续的时间很短暂,因而称为暂态过程。

暂态过程所需时间决定于 RC 电路的时间常数。

(2) 当 RC 电路输入端加矩形脉冲电压时，若矩形脉冲电压脉宽 $t_p = (3 \sim 5)\tau$ 或 RC 电路取时间常数 $\tau = (1/5 \sim 1/3)t_p$，则输出端电容器的充、放电电压 u_C 的波形为一般形式的充、放电曲线，如图 3.14(a)、(b) 所示。

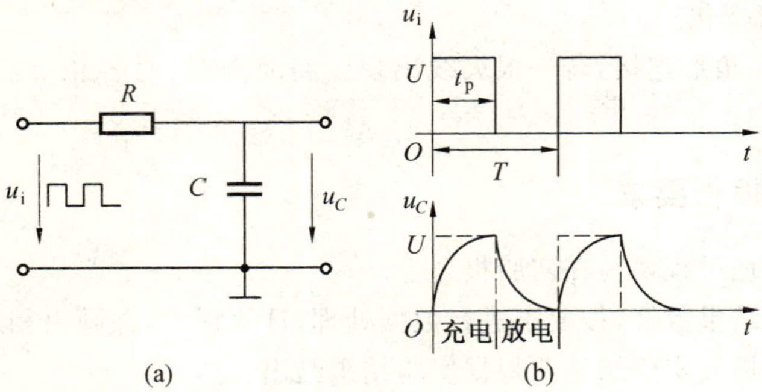

图 3.14　RC 电路电容 C 输出时的电路及响应曲线

(3) 如果将 RC 电路的电阻 R 两端作为输出端，输入端加矩形脉冲电压时，适当选择 RC 电路参数，使之满足 $\tau \ll t_p$，则输出电压 u_R 近似地与输入电压 u_i 对时间的微分成正比，RC 电路及 u_i 与 u_R 的波形如图 3.15(a)、(b) 所示，故此电路被称为微分电路。

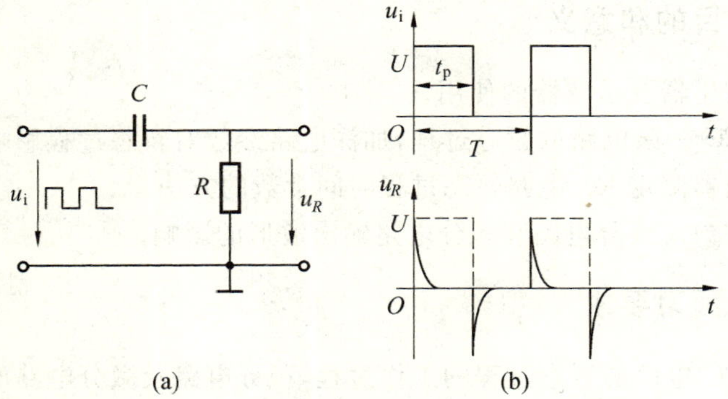

图 3.15　RC 电路电阻 R 输出时的电路及响应曲线

(4) 如果将 RC 电路电容 C 两端作为输出端，输入端加矩形脉冲电压时，适当选择 RC 电路参数，使之满足 $\tau \gg t_p$，则输出电压 u_C 近似正比于输入电压 u_i 对时间的积分，积分电路及 u_i 与 u_C 的波形如图 3.16(a)、(b) 所示，故此电路被称为积分电路。

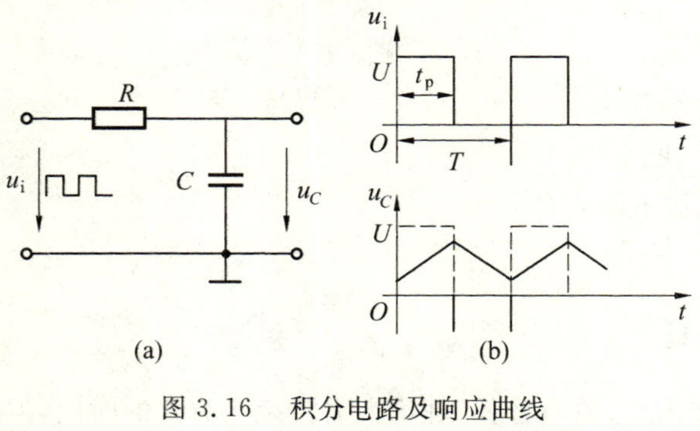

图 3.16　积分电路及响应曲线

(5) 将图 3.16(a) 所示积分电路的输出端改由电阻及两端输出，其余条件不变，即 $\tau \gg t_p$，则输出电压 u_R 与输入电压 u_i 的波形很近似，这时积分电路就转变为放大电路中所采用的级间阻容耦合电路，此时输入与输出波形如图 3.17(a)、(b) 所示。

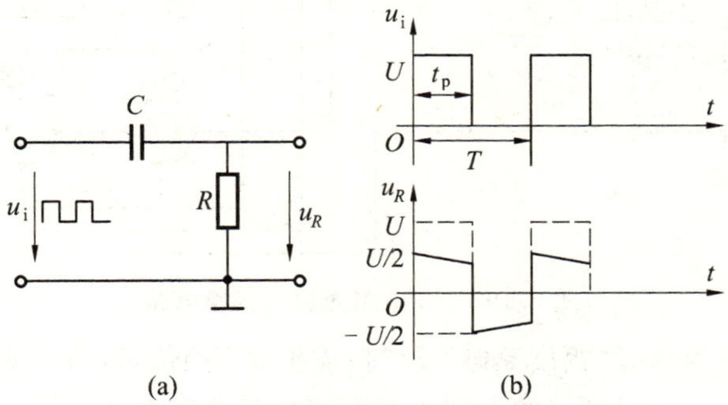

图 3.17　微分电路及响应曲线

3.4.5　实验内容

1. 调节信号发生器和示波器为待用状态

实验中采用函数信号发生器的功率输出端所输出的 5 V(1 kHz) 矩形波脉冲电压作为该实验的输入电压 u_i。

(1) 调节函数信号发生器使之处于输出矩形波工作状态。矩形波电压从功率端输出，粗调频率为 1 kHz(频率的实际值通过示波器来测定)。

(2) 调节双踪示波器，使之处于工作状态。

(3) 按图 3.18 接线，调节函数信号发生器并用示波器测定矩形脉冲电压的幅值使之为 5 V，同时测定矩形脉冲电压的频率，使之为 1 kHz(即脉冲宽度 $t_p \approx 0.5$ ms)。接线时，应注意两台仪器之间要有公共的参考点(⊥)。

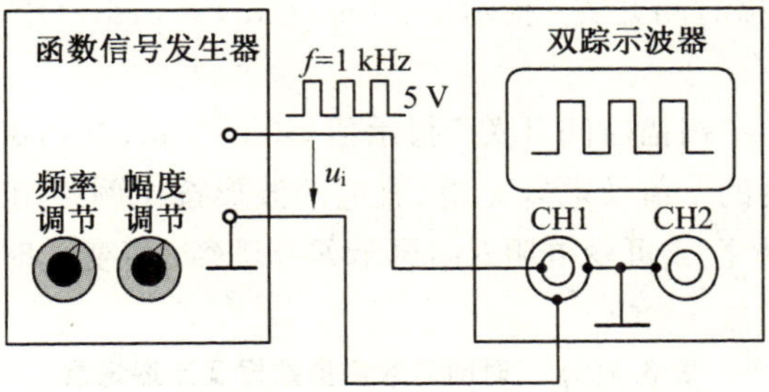

图 3.18　示波器和信号源调整方法电路

2. 观察 *RC* 电路充电、放电波形并用示波器测定时间常数 τ

(1) 按图 3.19 接线，电阻参考值 $R=10$ kΩ，电容参考值 $C=0.01$ μF，使 $\tau=\frac{1}{5}t_p$，观察电压 u_i 和 u_C 的波形。

(2) 测定 *RC* 电路的时间常数 τ。

① 将示波器“通道选择开关”置于双路显示方式、“扫描时间开关”旋至适当位置，并将“扫描时间开关”的微调旋钮右旋置于校准挡(使微调值为零)，使波形稳定，观察 u_i 和 u_C 的波形。

② 保留 u_C 的波形，调节 *X*、*Y* 轴移位旋钮，使荧光屏上 u_C 的波形处于适当位置。

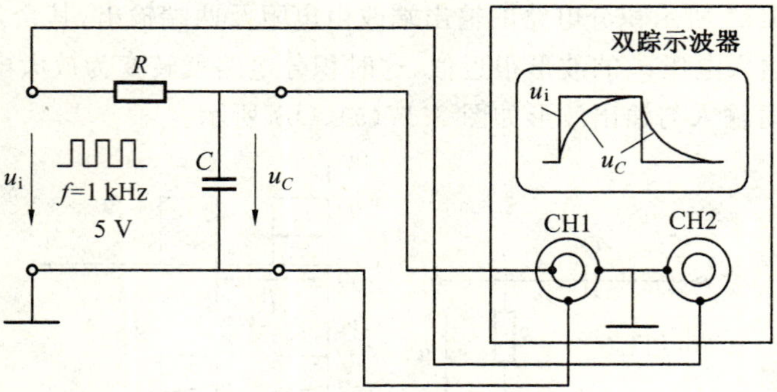

图 3.19　*RC* 电路充放电实验电路

③ 根据情况，可适当选择“幅度衰减”及“扫描扩展”挡位，以方便观察和读测数据。

④ 用标尺法测定 τ 值(即测定两点间水平距离)，其测定方法如图 3.20 所示。

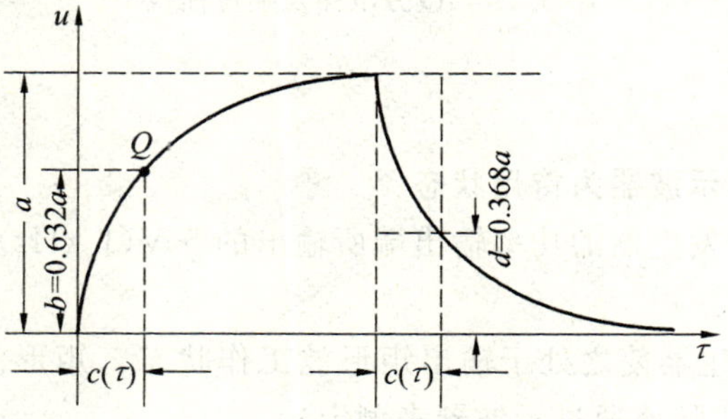

图 3.20　时间常数测量计算

先从荧光屏上测得电容电压的最大值 U_m 对应的格数：a(div) $=U_m$(div— 格数)；然后选取 $t=\tau$ 时的电容电压(Q 点)对应的格数：b(div) $=0.632a$，测量此时时间轴对应的格数 $c(\tau)$，则所测时间常数为

$$\tau=(\text{“扫描时间开关” 指示值 } S(\text{ms})/\text{div}\times c(\text{div}))/\text{ 扩展倍数}$$

若扩展倍数为 1，则有

$$\tau=\text{“扫描时间开关” 指示值 } S(\text{ms})/\text{div}\times c(\text{div})$$

(3) 将荧光屏上读测的 τ 值及电容充电、放电的波形按比例绘制出来，填入表3.9(a) 中。

(4) 将图 3.19 中的 R 换成可变电阻 R_P，调节 R_P，观察 τ 值变化时对电容器充、放电波形的影响。

表 3.9(a)　**时间常数测量数据及波形记录**

波形名称	参数			波形图
RC 电路暂态过程电容电压 u_C 波形	t_p/ms			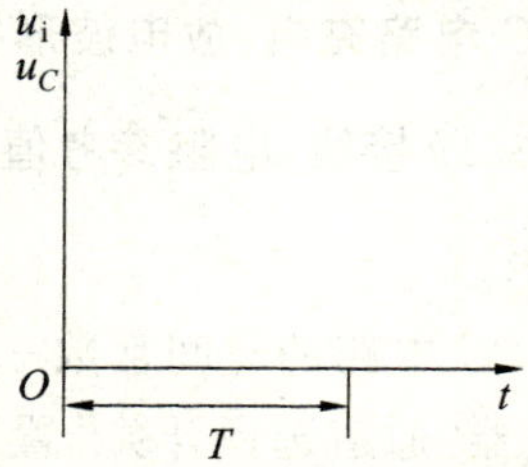
	R/kΩ			
	C/μF			
	τ/ms	计算值		
		测量值		

3. *RC* 积分电路

在图 3.19 的基础上，选取不同的 R 及 C 值，分别使 $t_p\approx3\tau$、$t_p\approx5\tau$、$t_p\approx10\tau$，把在示波器

荧光屏上观察到的波形按一定比例描绘下来，填入表 3.9(b) 中。观察 τ 值变化时对积分波形的影响。

注意　如果在荧光屏上看不到波形，应调节示波器“输出衰减”挡，使波形在可显示区域内。

表 3.9(b)　RC 积分电路输出电压 u_C 波形

			$t_p \approx$ (　)τ	$t_p \approx$ (　)τ	$t_p \approx$ (　)τ
参数	t_p/ms				
	R/kΩ				
	C/μF				
	τ/ms	计算值			
		测量值			
波　形					

4. RC 微分电路

按图 3.21 接线，选取电阻参考值 $R=10$ kΩ，电容参考值 $C=0.01$ μF，使 $\tau \approx \frac{1}{5} t_p$，观察输出端的 u_R 波形并描绘下来填入表 3.9(c) 中。

将 R 换接为 R_P，调节 R_P，观察 τ 值变化时对微分波形的影响。

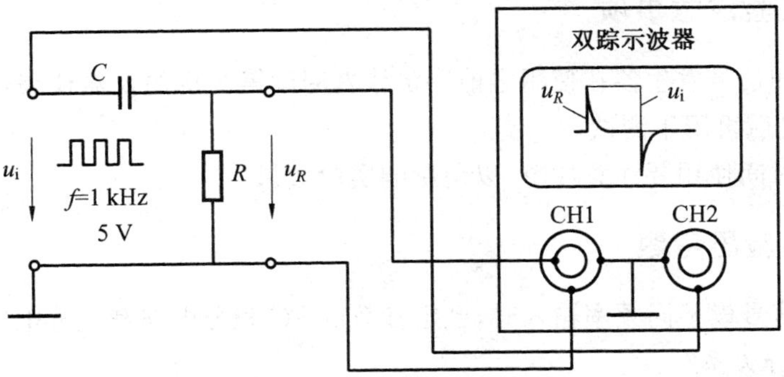

图 3.21　微分电路接线图

在图 3.21 中，选取不同的 R 及 C 值，分别使 $t_p \approx 3\tau$、$t_p \approx 5\tau$、$t_p \approx 10\tau$，把在示波器荧光屏上观察到的波形按一定比例描绘下来，填入表 3.9(d) 中。观察 τ 值变化时对微分波形的影响。

注意　如果在荧光屏上看不到波形，应调节示波器“输出衰减”挡，使波形在可显示区域内。

表 3.9(c)　微分电路测量数据及波形记录

波形名称	参数			波形图
RC 电路暂态过程电阻电压 u_R 波形	t_p/ms			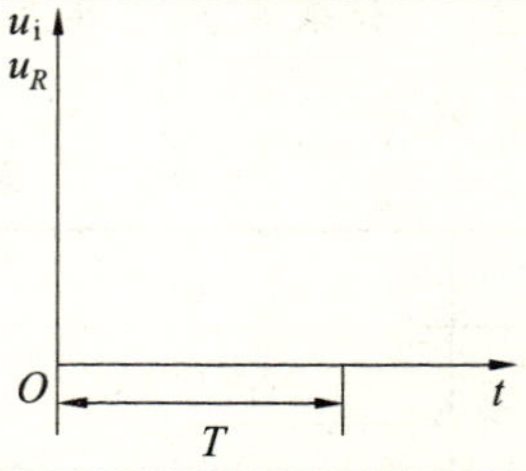
	R/kΩ			
	C/μF			
	τ/ms	计算值		
		测量值		

表 3.9(d)　*RC* 微分电路输出电压 u_R 波形

			$\tau\approx(\quad)t_p$	$\tau\approx(\quad)t_p$	$\tau\approx(\quad)t_p$
参数	t_p/ms				
	R/kΩ				
	C/μF				
	τ/ms	计算值			
		测量值			
波　　形					

3.4.6　实验注意事项

(1) 示波器和信号发生器在使用之前一定认真阅读第 2 章的仪器仪表使用说明及注意事项，先进行自校之后再用于测试。

(2) 电容长时间使用要注意放电，以免影响实验效果。

3.4.7　实验思考题

(1) 当脉冲信号以不同频率输入时，已定参数的 *RC* 积分电路和微分电路的输出电压是否仍保持积分和微分关系？

(2) 在积分电路和微分电路中，时间常数 τ 的变化对 *RC* 电路暂态过程的影响是否相同？

3.4.8　实验报告要求

(1) 准确画出实验中观察到的各个波形图。

(2) 说明用示波器测定时间常数 τ 的方法，将所测得的数值与计算值比较，分析误差原因。

(3) 总结时间常数 τ 对 *RC* 电路暂态过程的影响。

3.5 实验五 三相异步电动机的直接启动和正反转控制

3.5.1 实验目的和意义

(1) 读懂三相异步电动机铭牌数据和定子三相绕组六根引出线在接线盒中的排列方式。

(2) 根据电动机铭牌要求和电源电压的数值，能正确连接定子绕组(Y 形或 △ 形)。

(3) 了解复式按钮、交流接触器和热继电器等几种常用控制电器的结构，并熟悉它们的连接方法。

(4) 通过实验操作加深对三相异步电动机直接启动和正反转控制线路工作原理及各环节作用的理解和掌握，理解自锁和互锁部分的作用。

(5) 学习检查线路故障的方法，培养分析和排除故障的能力。

3.5.2 实验预习要求

(1) 复习电动机的工作原理，以及复式按钮、交流接触器和热继电器等几种常用控制电器的结构，并熟悉它们的连接方法。

(2) 实验之前必须明确本次实验的目的、意义，实验原理，实验电路图；掌握实验所涉及的所有电路图的绘制及工作原理。

(3) 预习本实验的思考题，分析实验中可能出现的各种问题。

3.5.3 实验仪器与设备

(1) 万用表：1 块；

(2) 鼠笼式三相电动机：1 台；

(3) 交流接触器：2 只；

(4) 热继电器：1 个；

(5) 复式按钮：5 只；

(6) 专用导线：若干；

(7) 综合实验板(安装固定器件用)：1 块。

3.5.4 实验原理

(1) 由继电器、交流接触器和复式按钮等控制电器实现对电动机的控制，称为继电接触器控制。鼠笼式三相电动机的直接启动控制线路是最基本的控制电路，如图 3.22 所示。该线路在实现对电动机的启、停控制的同时还具有短路保护、过载保护和零压保护作用。该线路是设计电动机控制线路的基础，各种功能的控制线路都可由它演变出来。

(2) 三相鼠笼式电动机转动方向取决于定子旋转磁场的转向，要想改变转子的转动方向，只要改变定子旋转磁场的方向即可，而旋转磁场方向与定子绕组上三相电源的相序有关。将连于电动机定子绕组的三根电源线中的任意两根对调位置便可改变电源相序，从而实现电机转向的改变。为此，需用两个交流接触器来实现这一要求。在图 3.23 中，当正转接触器接通时其主触头 KM_F 闭合，电动机正转；当反转接触器接通时其主触头 KM_R 闭合，电源相序改变，

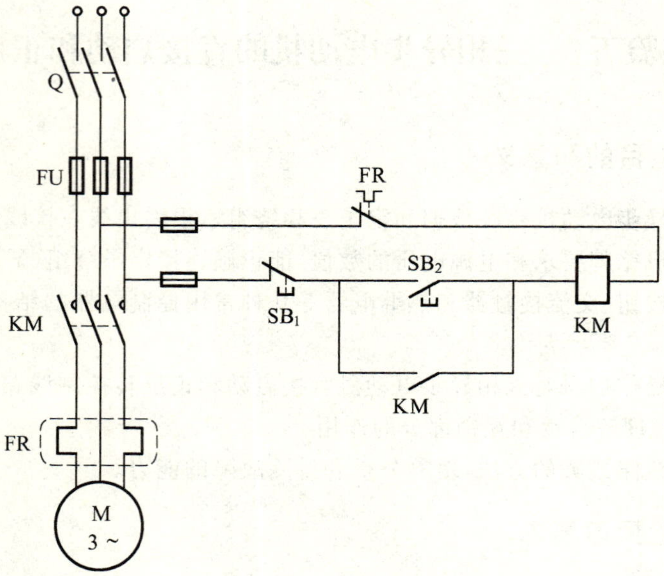

图 3.22　三相异步电动机的直接启动原理图

电动机反转。

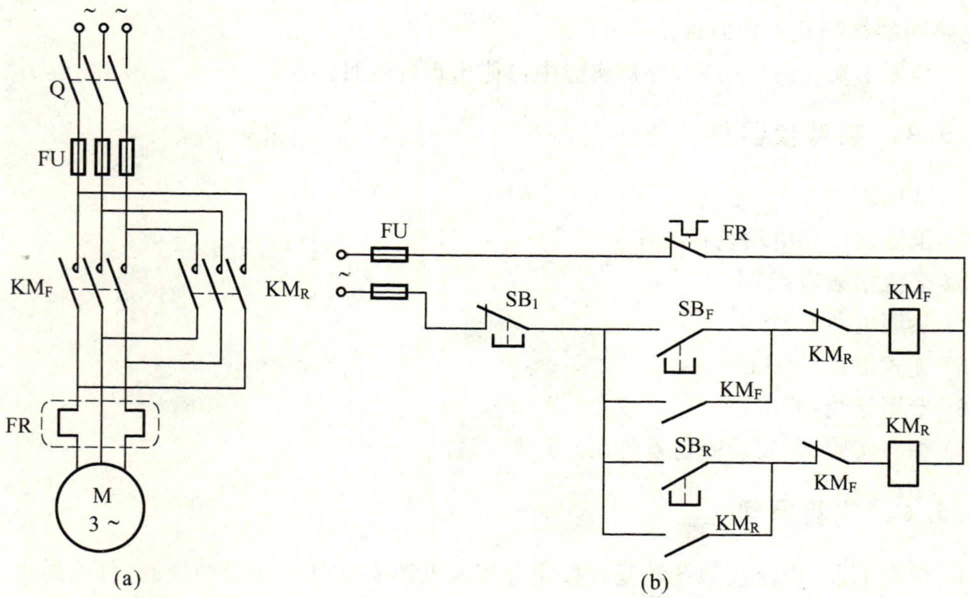

图 3.23　三相异步电动机的正反转实验原理图

(3) 在控制线路的运行切换过程中，当正转接触器尚未断开时而反转接触器已接通工作(或相反情况)，由图 3.23 主电路可见，将有两根电源线通过触头导致电源短路，因此对正反转控制电路的基本要求是：必须保证两个接触器不得同时接通工作。为避免两接触器同时工作造成电源短路，必须增加接触器的联锁(互锁)环节。把正转接触器的一个常闭触点 KM_F 串联在反转接触器 KM_R 的线圈电路中，而把反转接触器的一个常闭触点 KM_R 串联在正转接触器 KM_F 的线圈电路中。这两个常闭触点称为联锁触点，其作用是：当按下正转启动按钮 SB_F

时，KM_F 线圈通电，在吸合过程中，首先断开其常闭触点 KM_F，强令反转接触器 KM_R 的线圈通路断开；然后各常开触点 KM_F 闭合，使定子绕组与电源接通并对正转启动按钮 SB_F 自锁，电机正向旋转。此时即使按下反转启动按钮 SB_R，反转接触器也不能通电动作，从而防止了电源短路事故的发生。但是，该线路若因误操作同时按下 SB_F 和 SB_R 时，两接触器有可能在瞬间都接通，仍可造成主回路电源发生短路事故。另外，要反转必须先按停车，也给操作带来不便。为此通常采用由复式按钮组成如图 3.24 所示的典型线路。

复式按钮可将电动机直接由正转经瞬停而反转，不需要按动停止按钮，这给操作上特别是电机要求频繁正反的场合带来方便，而且即使同时按下 SB_F 及 SB_R 也不致造成事故。有关复式按钮的这种控制作用，可观察实物结构并结合本实验的线路进行理解。

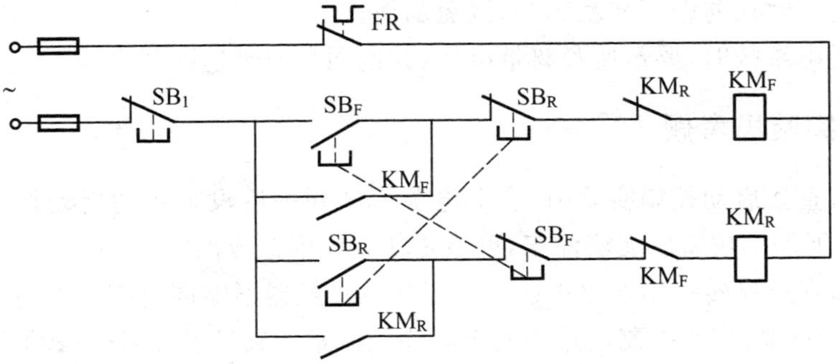

图 3.24　带自锁的三相异步电动机的正反转原理图

3.5.5　实验内容

1. 电机直接启动控制

(1) 用万用表电阻挡检查接触器、热继电器和按钮的触点通断状况是否良好。

(2) 按图 3.22 接线。先用粗线接好主电路，然后再用细线连接控制电路，并且按“先串后并”的方法进行接线。要求在任一连接点上不超过两根导线以保证接线的牢靠和安全。

(3) 线路接好后，按先主电路后控制电路的顺序依次检查。对所接线路的检查核对也可用万用表的电阻挡在不带电的情况下，通过各触点闭合或断开时电路阻值的变化来判断。在确认所接线路正确无误，经指导教师认可后，方可合闸通电进行控制操作。

(4) 不接 KM 的自锁触点，按下 SB_2 进行点动实验。

(5) 接上 KM 的自锁触点，分别按下 SB_2 和 SB_1 进行直接启动及停车实验。

(6) 电机启动后，拉开刀闸开关 Q，使电机因脱离电源而停转，然后重新接通电源(将开关 Q 推合)，不按启动按钮 SB_2，观察电动机是否会自行启动？检验线路是否具有失压保护作用。

(7) 在切断电源的情况下，将连接电动机定子绕组的三根电源线中任意两根的一头对调，再闭合开关 Q，重新启动电机，观察电动机转向的改变。

2. 电机正反转控制

(1) 按图 3.23 在主电路中定子绕组分别接正、反转接触器的主触点，并进行换向。

(2) 分别连接正、反转控制回路(先串后并)。

(3) 检查主电路和控制电路，确保准确无误。

(4) 合上开关 Q，按下正转按钮 SB_F，观察电机转向并设定此方向为正转；再按下反转按钮

SB_R，观察电机能否反转；然后按停止按钮 SB_1 后，再按下反转按钮 SB_R，观察电机能否反转。

(5) 按图 3.24 将正、反转复式按钮的常闭触点分别串入对方回路。按下正转按钮 SB_F，电机正转；直接按下反转按钮 SB_R，观察电机能否立即反转。

3.5.6 实验注意事项

(1) 连接、修改和拆除电路前，切记一定要断开电源开关。

(2) 进行电机启、停实验时，切勿频繁操作，以避免接触器触头因频繁动作而烧蚀。

(3) 连接线路之前要仔细检查接触器线圈额定电压是否与本实验的控制线路电压一致，其他元器件是否符合本实验的要求；运行电路前要仔细检查电路，保证连接无误后方可启动。

(4) 电机运行时切勿触碰转动部分，以免刮伤。

(5) 发生触电事故时，要迅速脱离带电体，其他同学要迅速断开电源。

3.5.7 实验思考题

(1) 在电机直接启动控制实验中，合上电源刀闸开关后没有按动启动按钮电机就自行转动起来，并且按下停车按钮后无法停车，可能是什么原因造成的？

(2) 为什么在正反转控制电路中必须保证两只接触器不能同时工作？可采取什么措施加以保证？使用复式按钮后，控制电路中两个联锁用的常闭辅助触点可否去掉不接？

(3) 电机正反转控制实验中，按下启动按钮后接触器产生很大的“咔啦咔啦”噪声，并且电机不能正常转动，是什么原因？

(4) 热继电器用于过载保护，它是否也能用于短路保护？为什么？

3.5.8 实验报告要求

(1) 正确画出各项实验的电路图，简述工作工程，连接电路的注意事项。

(2) 写出实验操作步骤及运行结果。

(3) 总结实验中出现的问题及故障现象，写出心得体会。

第4章　模拟电子技术实验

4.1　实验一　单晶体管交流放大电路

4.1.1　实验目的和意义

(1) 了解晶体管放大电路静态工作点变动对其性能的影响。

(2) 掌握放大电路电压放大倍数 A_u、输入电阻 R_i、输出电阻 R_o 的测量方法。

(3) 了解 R_L 变化对 A_u 的影响。

(4) 实践简单电路的安装。

(5) 进一步熟悉示波器、低频信号发生器、毫伏表的使用方法。

4.1.2　实验预习要求

(1) 复习共发射极单晶体管放大电路的组成及放大原理，以及参数的计算方法。

(2) 实验之前必须明确本次实验的目的、意义，实验原理，实验电路图；完成所有计算值的计算，填写在实验指导书相应的栏目及表格中。

(3) 考虑提高放大电路的电压放大倍数 A_u，应采取哪些措施？

4.1.3　实验仪器与设备

(1) 示波器：1 台；

(2) 低频信号发生器：1 台；

(3) 数字毫伏表：1 块；

(4) 数字万用表：1 块；

(5) 稳压电源：1 台；

(6) 晶体管：1 个；

(7) 电阻箱：1 个；

(8) 电阻：4 个；

(9) 电容：3 个；

(10) 滑动变阻器：1 个。

4.1.4 实验原理

1. 晶体管介绍

晶体管是最重要的一种半导体器件，它的放大作用和开关作用促使电子技术飞跃发展。晶体管有两个 PN 结，三个电极（发射极、基极和集电极）。

(1) 晶体管的分类。

晶体管按材料分有硅管和锗管；按 PN 结的不同构成，可分为 NPN 型和 PNP 型晶体管；按结构分有点接触型和面接触型；按工作频率分有高频晶体管（$f_T > 3$ MHz）和低频晶体管（$f_T < 3$ MHz）；按功率大小可分为大功率管（$P_C > 1$ W）、中功率管（P_C 在 0.7～1 W）和小功率管（$P_C < 0.7$ W）；按封装形式分有金属封装、塑料封装、玻璃封装和陶瓷封装等形式；按用途分有放大管、开关管、低噪音管和高反压管等。

(2) 晶体管检测。

① 目测法。一般管型是 NPN 还是 PNP，可从管壳上标注的型号来辨别。依照部颁标准，晶体管型号的第二位（字母），A、C 表示 PNP 管，A 代表锗管，C 代表硅管；B、D 表示 NPN 管，B 代表锗管，D 代表硅管。

常用中、小功率晶体管有金属圆壳和塑料封装（半柱型）等外形，如图 4.1 所示为几种典型的外形和管脚排列方式。

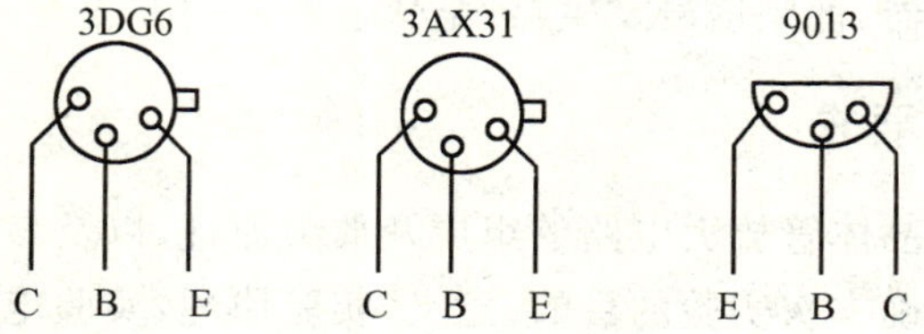

图 4.1 常用晶体管管极排列

② 用万用表电阻挡判别。

a. 判断基极 B。可以把晶体管的结构看作两个背靠背的 PN 结，对 NPN 型来说基极是两个 PN 结的公共阳极，对 PNP 型管来说基极是两个 PN 结的公共阴极。基极与集电极、基极与发射极分别是两个 PN 结，它们的反向电阻都很大，而正向电阻都很小，所以用万用表（$R \times 1$ kΩ 或 $R \times 100$ Ω 挡）测量时，先将任一表笔接到某一认定的管脚上，另一表笔分别接到其余两个管脚上，如果测得阻值都很大（两大）、换表笔反过来测得阻值都较小（两小），则可断定所认定的管脚是基极；若不符合上述结果，应另换一个管脚重新测试，直到符合上述结果为止。与此同时，根据表笔带电极性判别晶体管的极性：当黑表笔接在基极，红表笔分别接在其他两极测得的电阻值小时，可确定该晶体管为 NPN 型，反之为 PNP 型。

b. 判别集电极 C 及发射极 E。为使晶体管具有电流放大作用，发射结需加正偏置，集电结加反偏置，如图 4.2 所示，以测量管脚在不同接法时的电流放大系数的大小来比较。管脚接法正确时的 β 较接法错误时的 β 大，则可判断出 C 和 E。以 NPN 型管为例，如图 4.3 所示，应以黑表笔接认定的 C，红表笔接认定的 E（若为 PNP 型则反之），将 C、B 两极用大拇指和二拇指捏住（注意：勿使 C、B 短路，此时人体电阻作为 R_B，$I_B > 0$）和断开（相当于 $R_B = \infty$，$I_B = 0$），观察在上述两种情况下，表针摆动的差值 $\Delta\varphi$ 角。$\Delta\varphi$ 较大，它指示的电阻值较小，说明集电极电流

$I_C=\beta I_B$ 较大，具有放大作用，则假定的 C、E 是正确的；若 $\Delta\varphi$ 很小（阻值较大），说明所假定的 C、E 极不对，则要将表笔调换位置再测试一次。

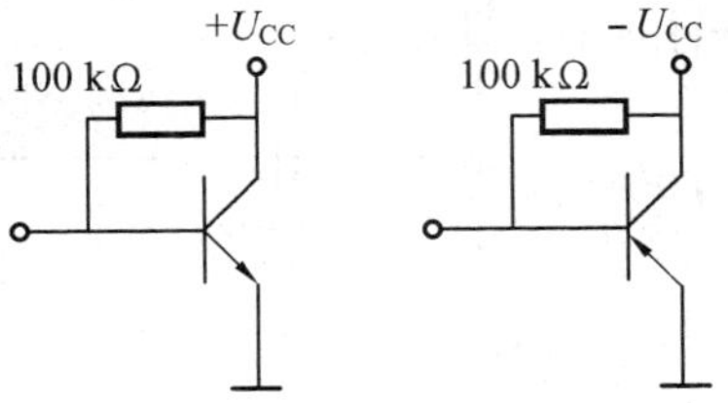

图 4.2　晶体管的偏置情况

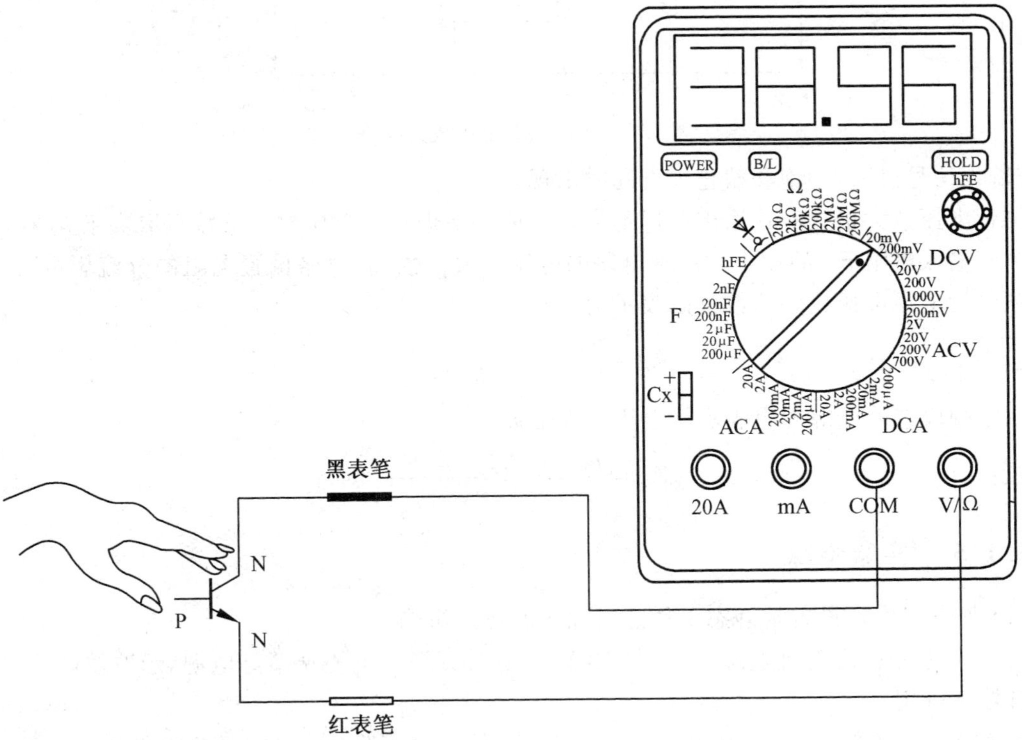

图 4.3　用万用表判断晶体管 C 极和 E 极

2. 单晶体管放大电路工作原理

单级放大电路的最典型的电路是单级共射电压放大电路，如图 4.4 所示。

该电路的核心器件是一个 NPN 型的三极管（可采用 3DG6C）。该管工作在放大状态时，发射结电压为 0.6～0.7 V。加入正电源 U_{CC}，以使 BE 结处于正向偏置，BC 结处于反向偏置，晶体管工作在放大状态。R_P 和 R_{B1} 组成偏置电路，调整 R_P，可以改变基极电流 I_B，从而改变集电极电流 I_C 和管压降 U_{CE}，即调整静态工作点 Q。固定电阻 R_B 是为保护发射结而设置的，R_C 为集电极电阻。C_1、C_2 为耦合电容。

晶体管为非线性元件，要使放大器不产生非线性失真，就必须建立一个合适的静态工作点，使晶体管工作在放大区。若 Q 点过低（I_B 小，则 I_C 小，U_{CE} 大），晶体管进入截止区，产生截止失真；当 I_B，I_C 大，U_{CE} 小时，Q 点过高，晶体管将进入饱和区，产生饱和失真。即使 Q 点合

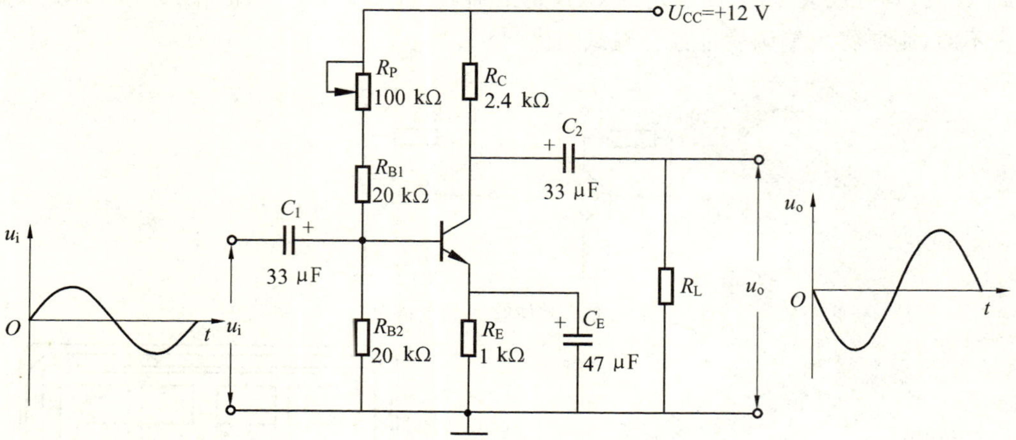

图 4.4　单级共射电压放大电路

适，若输入信号过大，则饱和截止失真同时出现。

测量电压放大倍数应在输出波形不失真的前提下进行。电压放大倍数只取决于 β，R_C，R_L 和晶体管输入电阻 r_{be} 的大小。图示电路的电压放大倍数，若忽略偏置电阻的分流影响，二者在中频段的电源电压放大倍数可以表示为

$$A_{us}=\frac{u_o}{u_s}=-\beta\frac{R_C /\!/ R_L}{R_S+r_{be}} \tag{4.1}$$

在中频段忽略电源内阻表示的电压放大倍数是

$$A_u=\frac{u_o}{u_i}=-\beta\frac{R_C /\!/ R_L}{r_{be}} \tag{4.2}$$

4.1.5　实验步骤

(1) 静态工作点设置及静态工作点对输出波形的影响。

① 实验电路接入直流电源 $U_{CC}=+12$ V，在连接线路之前先调节好电源，示波器和信号源完成自校准待用。

② 按图 4.4 连接线路，负载电阻 $R_L=10$ kΩ。输入端短路（$u_i=0$），缓慢调节 R_P，使 $U_{CEQ}=6$ V，即工作点合适。然后用万用表直流挡分别测出 U_{BEQ} 及 V_B，V_C 的值，并计算 I_{BQ}，I_{CQ} 的数值，填入表 4.1。（也可用直流电流表直接测量 I_{BQ}，I_{CQ} 的数值）

表 4.1　静态工作点数据

实测				根据实测计算		
U_{BEQ}/V	U_{CEQ}/V	V_B/V	V_C/V	I_{BQ}	I_{CQ}	β

③ 调节信号源使其输出频率 $f=1$ kHz、电压有效值 $U_i=10$ mV 的电压信号，然后连接到放大电路的输入端，将示波器连接到放大电路的输出端，观察输出电压波形，构成的连接测试电路如图 4.5 所示。然后逐渐减小 R_P 的阻值，直至输出电压波形出现失真，测出 U_{CEQ}，U_{BEQ} 及 R_B 的值，并计算 I_{BQ}，I_{CQ} 的数值，填入表 4.2。

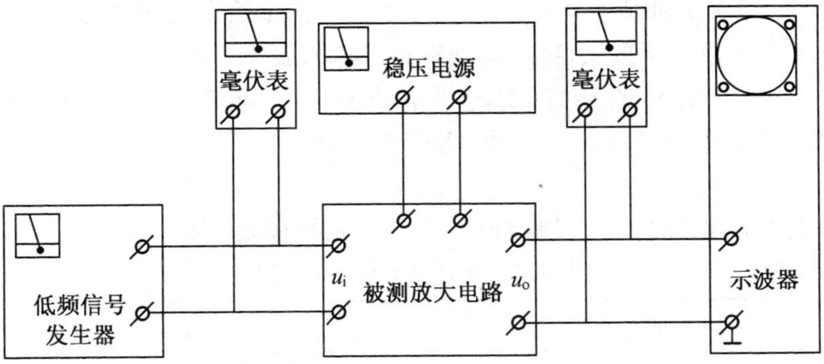

图 4.5　观察波形和测量放大倍数的连接电路图

④R_P 阻值调至最大，输入信号保持不变，观察输出电压波形是否出现截止失真(当 R_P 增至最大，波形失真仍不明显时，可适当增大输入信号 u_i)。测出 U_{CEQ}，U_{BEQ}，R_B 及 U_i 的值，并计算 I_{BQ}，I_{CQ} 的数值，填入表 4.2。

表 4.2　静态工作点对输出波形的影响

		R_P 合适 U_i 合适	R_P 最小 U_i 合适	R_P 最大 U_i 合适	R_P 合适 U_i 偏大
Q 点	测量参数	U_{CEQ} = U_{BEQ} = R_B = U_i =	U_{CEQ} = U_{BEQ} = R_B = U_i =	U_{CEQ} = U_{BEQ} = R_B = U_i =	U_{CEQ} = U_{BEQ} = R_B = U_i =
	计算	I_{BQ} = I_{CQ} =	I_{BQ} = I_{CQ} =	I_{BQ} = I_{CQ} =	I_{BQ} = I_{CQ} =
输出波形					
失真判断					

⑤ 先调节 R_P，使静态工作点合适，然后逐渐增大 u_i，用示波器观察 u_o 的波形，使输出波形为最大不失真正弦波(当饱和截止失真同时出现后，稍微减小输入信号幅度，使输出波形为失真刚好消失时的电压波形)。测出 U_{CEQ}，U_{BEQ}，R_B 及 U_i 的值，并计算 I_{BQ}，I_{CQ} 的数值，填入表 4.2。

注意　测量 R_B 时，必须断电且电阻 R_B 一端从电路断开，这时便可用数字万用表电阻挡测量其值。

(2) 测量电压放大倍数 A_u。调节 R_P 使静态工作点合适(U_{CEQ} = 6 V)，输入端接(函数信号发生器) f = 1 kHz，U_i = 10 mV 的正弦波信号。

① 负载开路时($R_L = \infty$)，用毫伏表测量输出电压有效值并计算中频段电压放大倍数，记录于表 4.3 中。

② 分别取 $R_L=1\ k\Omega$ 和 $R_L=5\ k\Omega$，R_P 保持不变。测量输出电压，将数值和计量单位填入表 4.3 中，并计算中频段电压放大倍数，将计算结果填入表 4.3。

③ 分别取 $R_L=10\ k\Omega$ 和 $R_L=47\ k\Omega$，若工作点不合适，重新调整 R_P，使 $U_{CE}=6\ V$，测量输出电压，将数值和计量单位填入表 4.3 中，并计算中频段电压放大倍数，将计算结果填入表 4.3。

注意　用数字万用表直流电压挡测 U_{CEQ}，用交流毫伏表测 U_i、U_o 的数值。

表 4.3　电压放大倍数的测试

条　件	U_i	U_o	A_u
$R_L=\infty$　调 R_P 使静态工作点合适	10 mV		
$R_L=1\ k\Omega$　R_P 保持不变	10 mV		
$R_L=5\ k\Omega$　R_P 保持不变	10 mV		
$R_L=10\ k\Omega$　调 R_P 使静态工作点合适	10 mV		
$R_L=47\ k\Omega$　调 R_P 使静态工作点合适	10 mV		

(3) 负反馈对放大倍数的影响。令图 4.4 中 $R_L=\infty$，$U_{CEQ}=6\ V$。将 C_E 断开，加入交流负反馈。在输入信号 U_i 保持不变的情况下，测有负反馈时输出电压为 U_{of}，将 U_{of} 与表 4.3 中的测量结果 U_o 进行比较，得出结论。

(4)（选做）测量输入电阻 R_i。R_i 是从放大电路输入端看进去的交流等效电阻，本实验采用换算法测输入电阻，测量电路如图 4.6 所示。在信号源与放大电路之间串入一个 R_S 电阻（4.7 kΩ），分别测出 U_S 和 U_i，则输入电阻为

$$R_i=\frac{U_i}{U_S-U_i}R_S \tag{4.3}$$

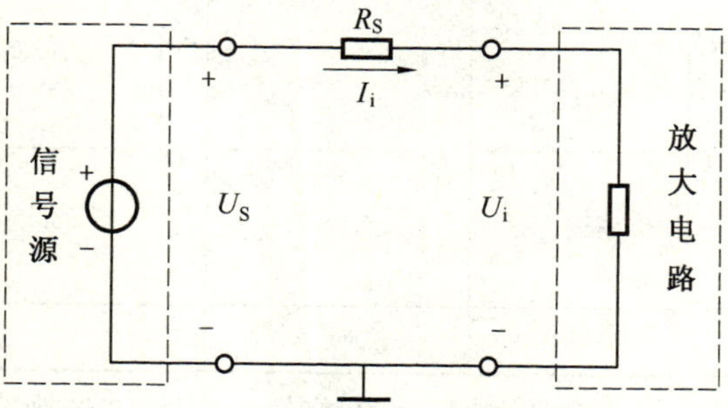

图 4.6　用换算法测量 R_i 的原理

将测量和计算数据填入表 4.4 中。

表 4.4　输入电阻的测试

R_S	U_S	U_i	R_i
4.7 kΩ			

(5)（选做）测量输出电阻 R_o。R_o 是指输入信号为 0 时，从输出端向放大电路看进去的交流等效电阻。它与输入电阻 R_i 都是动态电阻。同样采用换算法测量，测量电路如图 4.7 所示。在放大电路输入端接入 $U_S=10\ mV$，$f=1\ kHz$ 的电压信号，分别测量当负载 $R_L=\infty$ 和

$R_L = 5\ k\Omega$ 时，输出电压 U_o 和 U_L 的值，则输出电阻为

$$R_o = (\frac{U_o}{U_L} - 1)R_L \tag{4.4}$$

将测量结果和计算数据填入表 4.5。

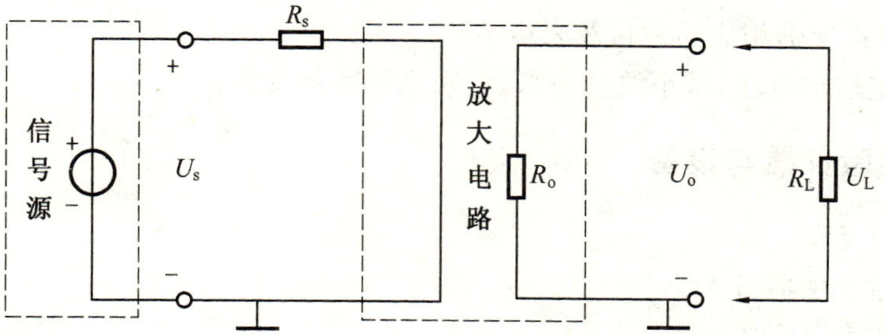

图 4.7 用换算法测量 R_o 的原理

表 4.5 输出电阻的测试

R_S	$U_L(R_L = 5\ k\Omega)$	$U_o(R_L = \infty)$	R_o
5 kΩ			

4.1.6 实验注意事项

(1) 直流电源、示波器、信号发生器及放大电路要共地，避免引起干扰。

(2) 要保证在输出波形不失真的前提下进行电路参数的测试。

4.1.7 实验思考题

(1) 晶体管放大电路出现饱和或截止失真的原因是什么？电路中应调整哪些元件？

(2) 图 4.4 中，如果把 R_E 的旁路电容 C_E 去掉，分析电路参数的变化。

4.1.8 实验报告要求

(1) 整理实验数据并与计算值相比较，分析误差原因；实验数据处理过程要写在实验报告上。

(2) 由实验结果分析静态工作点对输出波形失真的影响。

(3) 由实验结果分析集电极电阻 R_C、放大器负载电阻 R_L 对放大倍数的影响，实验结果分析及实验结论要根据实验结果给出。

(4) 实验的感想、意见和建议写在实验结论之后。

4.2 实验二 负反馈放大电路

4.2.1 实验目的和意义

(1) 掌握放大电路中引入负反馈的方法。

(2) 加深理解负反馈对放大电路各项性能指标的影响。

4.2.2 实验预习要求

(1) 复习反馈的理论知识和负反馈对放大电路放大性能的影响。

(2) 实验之前必须明确本次实验的目的、意义，实验原理，实验电路图；完成所有计算值的计算，填写在实验指导书相应的栏目及表格中。

(3) 考虑稳定输出电压，减小波形失真，应采取哪种负反馈？

4.2.3 实验仪器与设备

(1) 示波器：1 台；

(2) 低频信号发生器：1 台；

(3) 数字毫伏表：1 块；

(4) 数字万用表：1 块；

(5) 稳压电源：1 台；

(6) 晶体管：2 个；

(7) 电阻箱：1 个；

(8) 电阻：10 个；

(9) 电容：6 个；

(10) 开关：2 个。

4.2.4 实验原理

负反馈放大电路有四种组态，即电压串联、电压并联、电流串联和电流并联。本实验以电压串联负反馈为例，分析负反馈对放大电路各项性能指标的影响。

图 4.8 为带有电压串联负反馈的两级阻容耦合放大电路，在电路中通过 R_f 把输出电压 u_o 引回到输入端，加在晶体管 T_1 的发射极上，在发射极电阻 R_{F1} 上形成反馈电压 u_f。根据反馈的判断法可知，它属于电压串联负反馈。

负反馈电路主要性能指标如下。

(1) 闭环电压放大倍数。

$$A_{uf}=\frac{A_u}{1+A_uF_u} \tag{4.5}$$

其中，$A_u=u_o/u_i$ 为基本放大电路(无反馈) 的中频段电压放大倍数，即中频段开环电压放大倍数；$1+A_uF_u$ 为反馈深度，它的大小决定了负反馈对放大电路性能改善的程度。

(2) 反馈系数。

$$F_u=\frac{R_{F1}}{R_f+R_{F1}} \tag{4.6}$$

(3) 输入电阻。

$$R_{iF}=(1+A_uF_u)R_i \tag{4.7}$$

式中，R_i 为基本放大电路的输入电阻。

(4) 输出电阻。

$$R_{oF}=\frac{R_o}{1+A_uF_u} \tag{4.8}$$

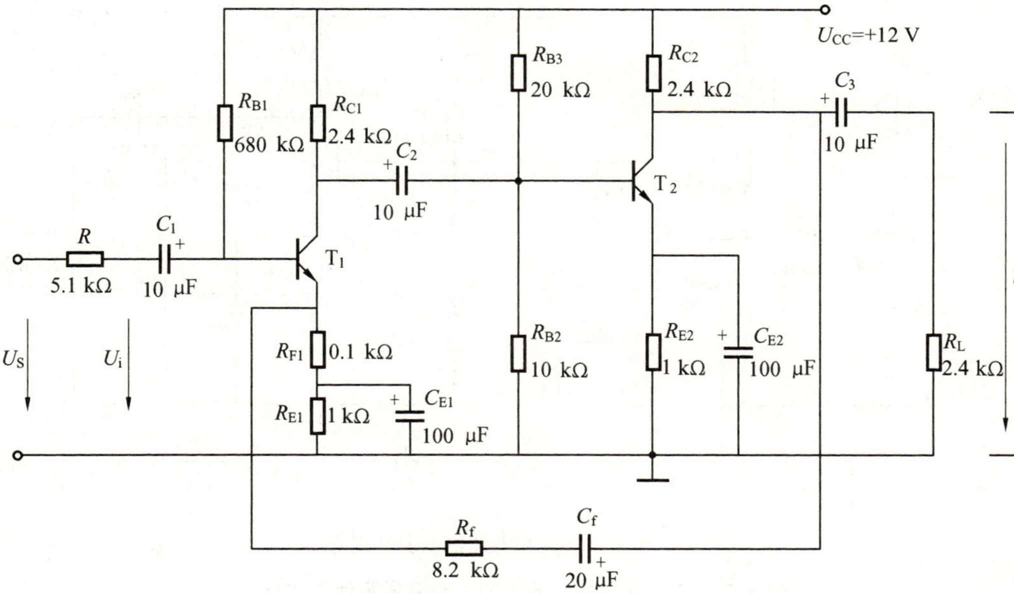

图 4.8　带有电压串联负反馈的两级阻容耦合放大电路

式中，R_o 为基本放大电路的输出电阻。

(5) 上限频率和下限频率。

$$\begin{cases} f_{Hf} = f_H(1 + A_u F_u) \\ f_{Lf} = \dfrac{f_L}{1 + A_u F_u} \end{cases} \tag{4.9}$$

其中，f_H、f_L 为不加反馈时的上、下限频率。

4.2.5　实验内容

1. 调整并测量基本放大电路的静态工作点

调节直流电源使 $U_{CC}=+12$ V，按图 4.9 连接实验电路（K_1 接通，K_2 断开），即电路为两级基本放大电路。$U_i=0$，调整第一级电路中的电位器 R_{P1}(500 kΩ)，使 $V_{C1}=2.2$ V；调整第二级电路中的电位器 R_{P2}(52 kΩ)，使 $V_{C2}=7$ V。用直流电压表分别测量第一级、第二级的静态工作时相应的电位值，并将测量结果记入表 4.6 中。

表 4.6　两个晶体管的静态工作点数据记录

对地电位 /V	V_{B1}	V_{E1}	V_{C1}	V_{B2}	V_{E2}	V_{C2}
测量值						

2. 测试基本放大电路的各项性能指标

(1) 调节函数信号发生器，使之产生 $f=1$ kHz，$U_i=3$ mV(有效值)的正弦信号，加到放大电路的输入端(U_i 端)，输出端开路。用示波器监视输出波形 u_o，在 u_o 不失真的情况下，用交流毫伏表测量空载输出电压 U_o，并计算 A_u，测量结果和计算数据记入表 4.7 中。

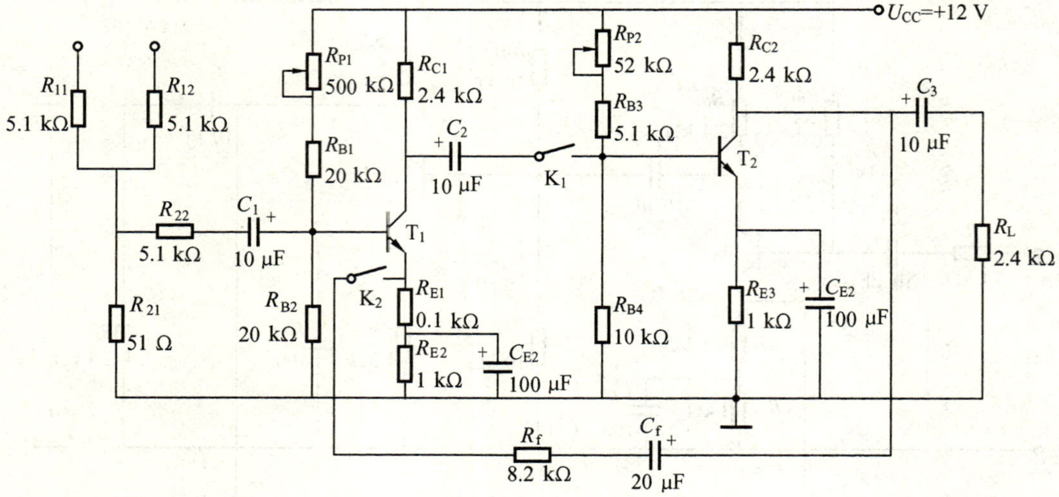

图 4.9　负反馈放大电路的实验线路图

表 4.7　负反馈对放大倍数的影响测量及计算数据

基本放大电路	U_i/mV	U_o/V	U_{oL}/V	A_u	A_{uL}	R_o/kΩ
负反馈放大电路	U_i/mV	U_o/V	U_{oL}/V	A_{uf}	A_{uLf}	R_{of}/kΩ

(2) 保持 U_i 不变，接入负载电阻 $R_L=2.4\ \text{k}\Omega$，测量负载输出电压 U_{oL}，并计算 A_{uL} 和 R_o。

3. 测量通频带

保持 2(1) 中的 U_i 不变，然后增加和减小输入信号的频率，用毫伏表监测放大器的输出变化，找出上、下限频率 f_H 和 f_L(U_o 下降为 $0.707U_o$ 时的频率)，计算频带宽度 BW，将测量结果和计算结果记入表 4.8 中。

表 4.8　负反馈对通频带的影响测量数据记录

基本放大电路	f_L/kHz	f_H/kHz	BW/kHz
负反馈放大电路	f_{Lf}/kHz	f_{Hf}/kHz	BW_f/kHz

4. 测试负反馈放大电路的各项性能指标

将反馈支路按图 4.9 接入电路(K_2 接通)，即电路为两级负反馈放大电路。输入信号 U_i 仍为 3 mV、1 kHz，在输出波形不失真的条件下，与前述方法一样分别测量负反馈放大电路的 U_o、U_{oL}，并计算 A_{uf}、A_{uLf}、R_{of}，将测量结果和计算数据记入表 4.7 中。增加和减小输入信号的频率，测量 f_{Lf} 和 f_{Hf}，计算 BW_f，将测量结果和计算数据记入表 4.8 中。

5. 观察负反馈改善非线性失真的效果

(1) 实验电路改接成基本放大电路形式(K_2 断开)，在输入端加入 $f=1$ kHz 的正弦信号，输出端接示波器，逐渐增大输入信号的幅度，使输出波形开始出现失真，记下此时的波形和输出电压的幅度。

(2) 将输出电压调小，然后将实验电路改接成负反馈放大电路形式（K_2 接通），增大输入信号幅度，使输出电压幅度的大小与(1) 相同，比较有负反馈时，输出波形的变化。

4.2.6　实验注意事项

(1) 直流电源、示波器、信号发生器及放大电路要共地，避免引起干扰。

(2) 要保证在输出波形不失真的前提下进行电路指标的测试。

4.2.7　实验思考题

(1) 图 4.8 中，如果将反馈回路的 R_f 端接到 T_1 的基极 B 上，引入为何种类型的反馈？对电路性能有何影响？

(2) 如果将图 4.8 中的电容 C_2 去除，电路会发生什么变化？

4.2.8　实验报告要求

(1) 整理实验数据并与计算值相比较，分析误差原因；实验数据处理过程要写在实验报告上。

(2) 根据实验结果，总结电压串联负反馈对放大电路性能的影响。

(3) 实验的感想、意见和建议写在实验结论之后。

4.3　实验三　集成运算放大器信号运算功能实验

4.3.1　实验目的和意义

(1) 进一步理解集成运算放大电路的基本原理，熟悉由运算放大器组成的比例、加法、减法、积分和微分等基本运算。

(2) 掌握几种基本运算的调试和测试方法。

4.3.2　实验预习要求

(1) 复习集成运算放大器的工作特性及比例运算、加法运算、减法运算的电路组成原理。

(2) 实验之前必须明确本次实验的目的、意义，实验原理，实验电路图；完成所有计算值的计算，填写在实验指导书相应的栏目及表格中。

(3) 了解微分电路和积分电路的工作原理。

4.3.3　实验仪器与设备

(1) 数字万用表：1 块；

(2) 直流电源(±12 V)：1 台；

(3) 信号源：1 台；

(4) 集成运算放大器芯片 μA741：1 个；

(5) 电阻：6 个；

(6) 电容:4 个;

(7) 开关:1 个。

4.3.4 实验原理

1. 放大器调零

(1)μA741 结构简介。

集成运算放大器有许多的型号种类,本实验选用 μA741 芯片。μA741 管脚图如图 4.10 所示。μA741 有 8 个管脚,其中 2、3 管脚为反相输入端和同相输入端,6 管脚为输出端,7 管脚接正电源,4 管脚接负电源,1、5 管脚接调零电路,8 管脚为空管脚。

(2) 电路调零。

如图 4.11 所示,在无输入信号输入时,输出信号应小于 ±10 mV。如果输出信号超过 ±10 mV,则需要对电路调零。调节电路中的调零电位器 R_w,使输出 $U_o=0$(小于 ±10 mV),运放调零后,在后面的实验中均不用再调零。

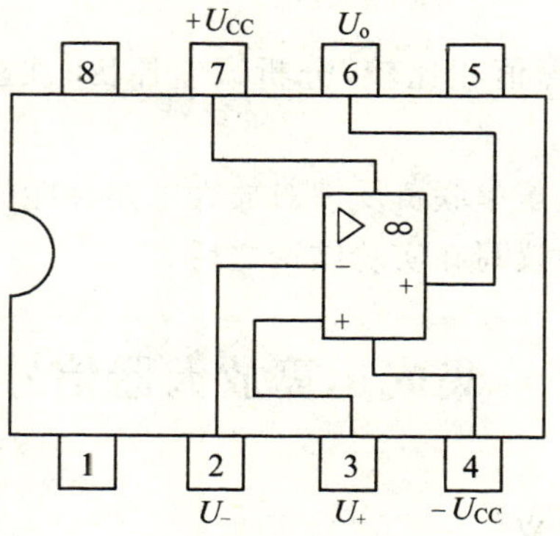

图 4.10 μA741 管脚图

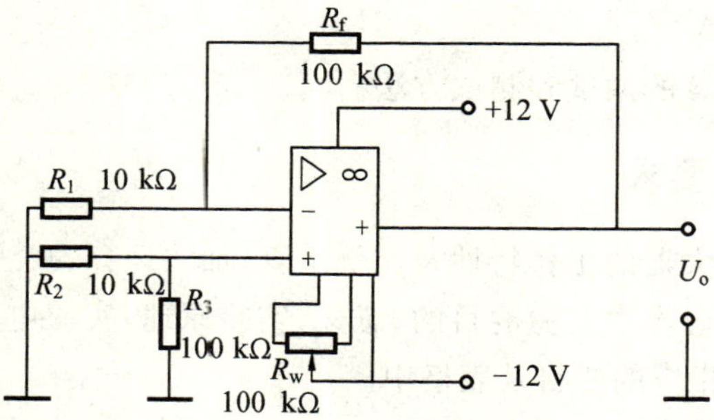

图 4.11 调零电路

2. 反相比例运算电路

如图 4.12 所示,反相比例运算电路的运算关系为

$$\frac{U_o}{U_i}=-\frac{R_f}{R_1} \tag{4.10}$$

3. 反相加法运算电路

如图 4.13 所示,反相加法运算电路的函数关系式为

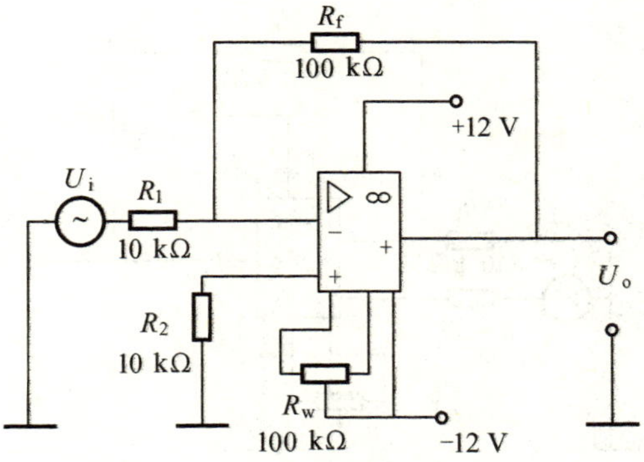

图 4.12 反相比例运算电路原理图

$$U_f = U_i - \frac{(U_i - U_o)}{R_1 + R_2} R_1 \tag{4.11}$$

$$U_o = -\frac{R_f}{R_1} U_{i1} - \frac{R_f}{R_2} U_{i2} \tag{4.12}$$

运算中,调节某一路信号的输入电阻时,不会影响其他输入电压与输出电压的比例关系,因而调节方便。

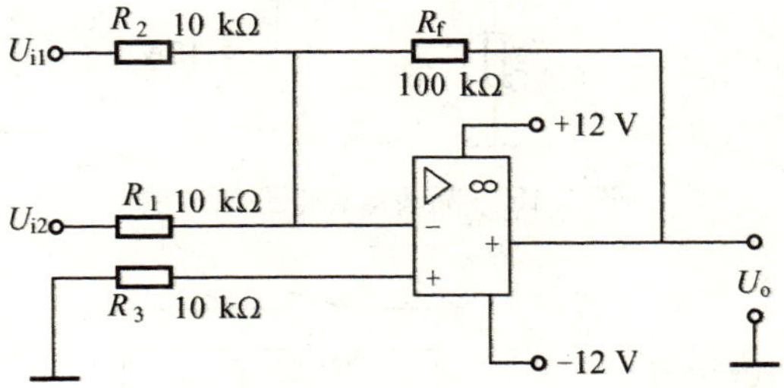

图 4.13 反相加法运算电路原理图

若取 $R_1 = R_2 = R_3 = R$,则有

$$U_o = -\frac{R_f}{R_1}(U_{i1} + U_{i2}) \tag{4.13}$$

4. 同相比例运算电路

如图 4.14 所示,同相比例运算电路的运算关系为

$$\frac{U_o}{U_i} = 1 + \frac{R_f}{R_1} \tag{4.14}$$

5. 减法运算电路

如图 4.15 所示,实际应用中,要求 $R_1 = R_2$,$R_3 = R_f$,且须严格匹配,这样有利于提高放大器的共模抑制比及减小失调。

该电路的运算关系为

$$U_o = -\frac{R_f}{R_1}(U_{i1} - U_{i2}) \tag{4.15}$$

6. 积分运算电路

如图 4.16 所示,设 $u_C(0) = 0$,则积分运算电路的运算关系式为

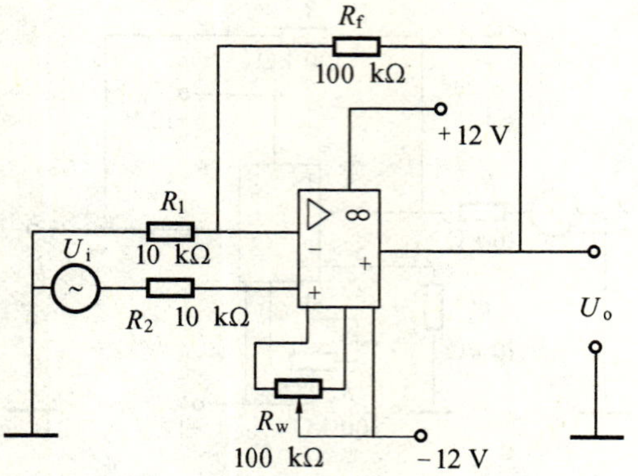

图 4.14　同相比例运算电路原理图

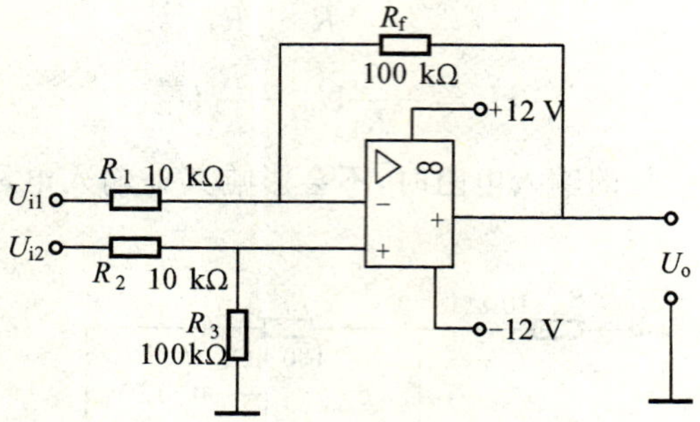

图 4.15　减法运算电路原理图

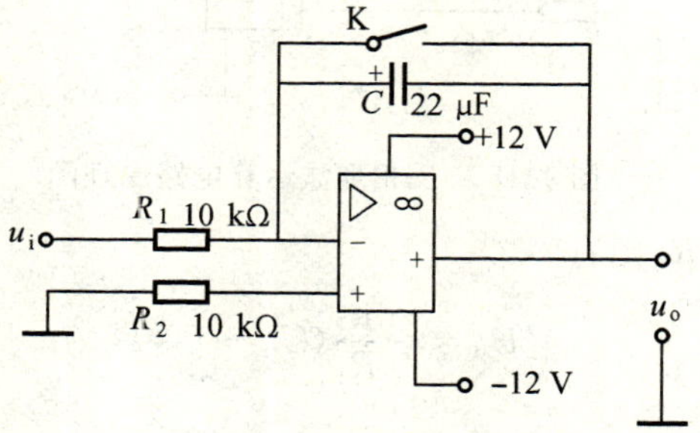

图 4.16　积分运算电路图

$$u_o = -\frac{1}{RC}\int_0^t u_i \mathrm{d}t \tag{4.16}$$

7. 微分运算

如图 4.17 所示，设 $u_C(0)=0$，则微分运算电路的运算关系式为

$$u_o = -RC_1 \frac{\mathrm{d}u_i}{\mathrm{d}t} \tag{4.17}$$

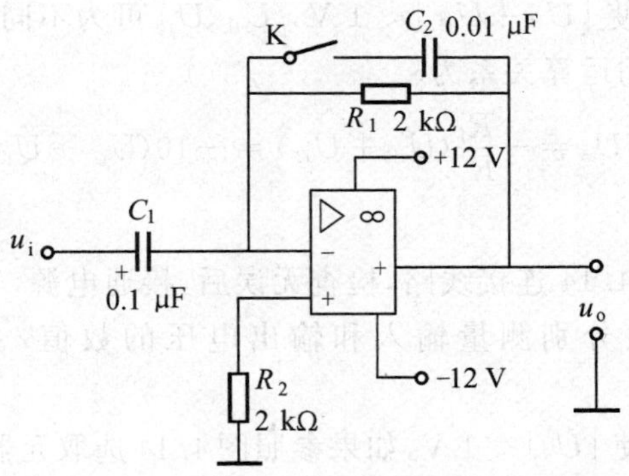

图 4.17　微分运算电路图

4.3.5　实验内容

1. 放大器调零

按照图 4.11 连接线路，接通电源后，测量输出信号的大小，如果输出信号过大（大于 ±10 mV），则需要调零。缓慢调节调零电位器 R_w，使输出 $U_o=0$（小于 ±10 mV），运放调零后，在后面的实验中均不用再调零。

2. 反相比例运算电路

按照图 4.12 连接电路，注意电源及调零电路在整个实验过程中不要再调整。检查无误后，接通电源。先用数字式万用表测量输入信号，第一次加入的输入信号不要过大，然后测量输出电压值（直流），将测量数据填入表 4.9。

注意实验中必须使 $|U_i|<1$ V，否则电路输出将出现饱和现象，得不到正确的比例运算结果。如果参照图 4.12 选取元器件参数，则电路运算关系为

$$U_o=-10U_i \tag{4.18}$$

表 4.9　反相比例运算电路实验数据记录

U_i 测量值							
U_o 测量值							
U_o 理论值							

3. 反相加法运算电路

(1) 参照图 4.13 连接电路，检查无误后，接通电源。

(2) 设置输入信号的数值，分别用数字万用表测量输入直流电压 U_{i1}、U_{i2} 的值，然后用导线将 U_{i1}、U_{i2} 连接到电路中，再用数字式万用表测量输出电压 U_o 值，将实验结果和计算数据填入表 4.10 中。

表 4.10　反相加法运算电路实验数据记录

U_{i1} 测量值							
U_{i2} 测量值							
U_o 测量值							
U_o 理论值							

(3) 注意实验中必须使 $|U_{i1}+U_{i2}|<1$ V,(U_{i1}、U_{i2} 可为不同的数值) 如果参照图 4.13 选取元器件数值,则该电路的运算关系为

$$U_o=-\frac{R_f}{R_1}(U_{i1}+U_{i2})=-10(U_{i1}+U_{i2}) \tag{4.19}$$

4. 同相比例运算电路

(1) 参照实验电路图 4.14 连接线路,检查无误后,接通电源。

(2) 用数字式万用表分别测量输入和输出电压的数值,并将测量数据数值填入表 4.11 中。

(3) 注意实验中必须使 $|U_i|<1$ V,如果参照图 4.14 选取元器件参数,则该电路的运算关系为

$$U_o=(1+\frac{R_f}{R_1})U_i=11U_i \tag{4.20}$$

表 4.11　同相比例运算电路实验数据记录

U_i 测量值							
U_o 测量值							
U_o 理论值							

5. 减法运算电路

(1) 参照图 4.15 连接线路,检查无误后,接通电源。

(2) 分别用数字万用表测量输入直流电压 U_{i1}、U_{i2} 的值,然后用导线将 U_{i1}、U_{i2} 连接到电路中,再用数字式万用表测量输出电压 U_o 值,将实验结果和计算数据填入表 4.12 中。

(3) 注意实验中必须使 $|U_{i1}-U_{i2}|<1$ V(U_{i1}、U_{i2} 可为不同的数值,不同的极性),如果参照图 4.15 选取元器件参数,则该电路的运算关系为

$$U_o=-\frac{R_f}{R_1}(U_{i1}-U_{i2})=-10(U_{i1}-U_{i2}) \tag{4.21}$$

表 4.12　减法运算电路实验数据记录

U_{i1} 测量值							
U_{i2} 测量值							
U_o 测量值							
U_o 理论值							

6. (选做) 积分运算电路

(1) 参照图 4.16 连接线路,检查无误后,接通电源。

(2) 合上 K,其余连线不变,此时的 $u_C(0)=0$,以消除积分起始时刻前积分漂移所造成的影响。

(3) 调节信号源输出,使 $U_i=0.1$ V,准备好电路,然后断开 K,用数字式万用表测出相应的 U_o,将测量数据和计算结果填入表 4.13 中。

(4) 注意实验中必须使 $|u_i|<1$ V。如果输入信号选用图 4.16 的元器件参数,输入信号选择阶跃信号,该电路的运算关系为

$$u_o=-\frac{1}{RC}\int_0^t u_i\mathrm{d}t=-\frac{t}{RC}u_i \tag{4.22}$$

表 4.13　积分运算电路实验数据记录

t/s	0	5	10	15	20	25	30	35
U_o 测量值								
U_o 理论值								

(5) 关闭电源，将图 4.16 中积分电容改为 0.1 μF，断开 K，u_i 分别输入频率为 200 Hz，有效幅值为 2 V 的方波和正弦波信号，用示波器分别观测并记录输入和输出电压的幅值和波形。注意 u_i 和 u_o 的大小及相位关系。

7.（选做）微分运算

(1) 参照图 4.17 连接线路，检查无误，接通电源。

(2) 选取图中微分电容 C_1 为 0.1 μF，分别输入频率为 200 Hz，有效幅值为 2 V 的方波和正弦波信号，用示波器分别观测并记录输入和输出电压的幅值和波形。注意 u_i 和 u_o 的大小及相位关系。

4.3.6　实验注意事项

(1) μA741 集成运算放大器的各个管脚不要接错，尤其是正、负电源不能接反，否则极易损坏芯片。

(2) 运算放大器输出端不能接地。

(3) $u_i = 0$ 是将运算电路的输入端接地，不能将信号源的输出端接地。

(4) 测任何电压时，数字电压表的黑表笔始终接实验电路的接地端。

4.3.7　实验思考题

(1) 运算放大器在实际使用中，为保证安全，需加保护，常见的保护方法有哪些？

(2) 如果要求实现 $u_o = -4u_{i1} + 2u_{i2} - 5u_{i3}$，应采用怎样的电路实现，画出电路图，并选择合适的元器件。

(3) 判断本实验中各电路的反馈类型。

4.3.8　实验报告要求

(1) 整理实验数据并与计算值相比较，分析误差原因；实验数据处理过程要写在实验报告上。

(2) 实验的感想、意见和建议写在实验结论之后。

(3) 绘出积分电路和微分电路的输入输出波形。

4.4　实验四　波形发生器设计与调试

4.4.1　实验目的和意义

(1) 加深理解由集成运放组成的各种波形发生器的工作原理。

(2) 掌握各种波形发生器的电路构成及特点，学习自行设计和调测的方法。

4.4.2 实验预习要求

(1) 复习集成运算放大器的工作特性及电压比较器的工作原理。

(2) 复习二极管、稳压管的工作特性及工作原理。

(3) 预习并完成正弦波、方波、三角波发生电路的原理图设计、参数配置和元器件选择。

(4) 实验之前必须明确本次实验的目的、意义,实验原理,实验电路图;完成所有计算值的计算,填写在实验指导书相应的栏目及表格中。

4.4.3 实验仪器与设备

(1) 数字万用表:1 块;

(2) 交流毫伏表:1 块;

(3) 数字频率计:1 台;

(4) 双踪示波器:1 台;

(5) 信号源:1 台;

(6) 直流电源(±12 V):1 台;

(7) 集成运算放大器芯片 μA741:3 个;

(8) 电阻:6 个;

(9) 电容:1 个;

(10) 二极管:2 个;

(11) 稳压管:2 个。

4.4.4 实验原理

常用的函数信号发生电路,一般有正弦波发生电路、方波发生电路、三角波发生电路以及锯齿波发生电路等,它们常常在脉冲和数字系统中作为信号源使用。

1. *RC* 正弦波振荡器电路

RC 正弦波振荡器电路如图 4.18 所示。

图中电阻 R_f、R_1 构成负反馈支路,其组态为电压串联负反馈。它的作用是稳定电路的电压放大倍数、减轻振荡幅度;减小输出电阻,提高电路的带负载能力;增大输入电阻;减小放大电路对串并联网络性能的影响,减小输出波形失真等。

图中 D_1、D_2 的作用是,当 u_o 幅值很小时,二极管 D_1、D_2 开路,等效电阻 R_f 较大,此时 $|A_{uf}|=U_o/U_p=(R_1+R_f)/R_1$ 较大,有利于起振;反之,当 u_o 幅值较大时,二极管 D_1、D_2 导通,R_f 减小,A_{uf} 随之下降,u_o 幅值趋于稳定。因此,在一般的 *RC* 文氏电桥振荡电路基础上,加上如图 4.18 电路中的 D_1、D_2,有利于起振和稳幅。

振荡电路频率为

$$f_0=\frac{1}{2\pi RC} \tag{4.23}$$

起振的幅值条件为

$$\frac{R_f}{R_1}\geqslant 2$$

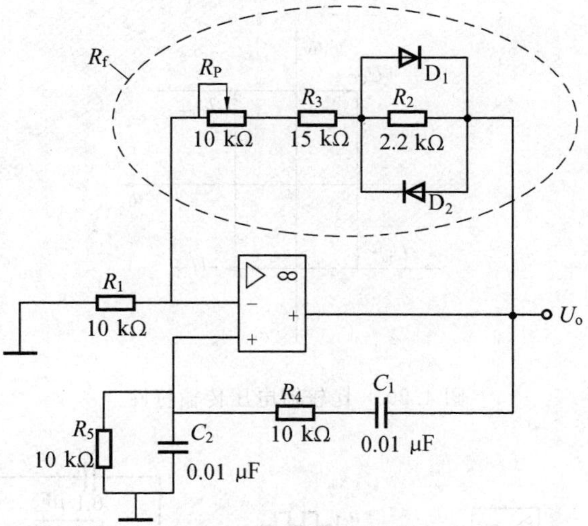

图 4.18　*RC* 正弦波振荡器电路

改变选频网络的参数 C 或 R，即可调节振荡频率，一般采用改变电容 C 做频率量程切换，而调节 R 做量程内的频率细调。

2. 电压比较器

电压比较器电路如图 4.19 所示。

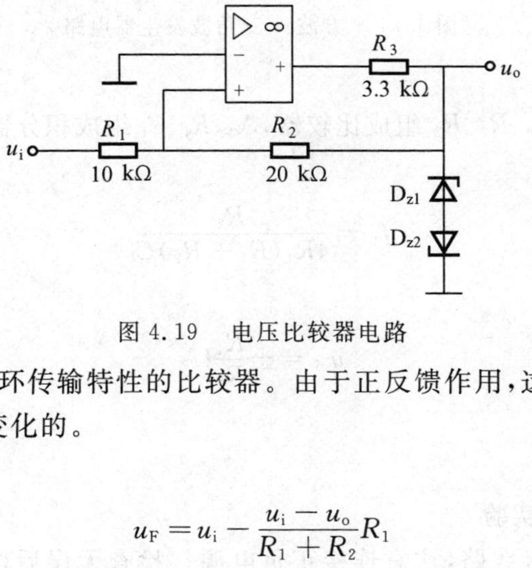

图 4.19　电压比较器电路

这是一个具有迟滞回环传输特性的比较器。由于正反馈作用，这种比较器的门限电压是随输出电压 u_o 的变化而变化的。

由图 4.19 可得

$$u_F = u_i - \frac{u_i - u_o}{R_1 + R_2} R_1 \tag{4.24}$$

电路翻转时，有 $u_N = u_P = 0$，即得

$$u_i = -\frac{R_1}{R_2} u_o \tag{4.25}$$

电压比较器电压传输特性如图 4.20 所示。

3. 方波－三角波发生器电路

方波－三角波发生器电路如图 4.21 所示。

如把滞回比较器和积分器首尾相接形成正反馈闭环系统，如图 4.21 所示，比较器输出的方波经积分器积分可得到三角波，三角波又触发比较器自动翻转形成方波，这样即可构成方波－三角波发生器。由于采用运放组成的积分电路，因此可实现恒流充电，使三角波线性大

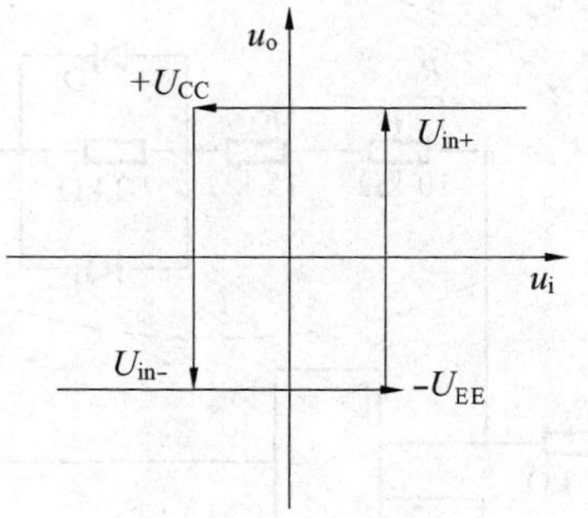

图 4.20　比较器电压传输特性

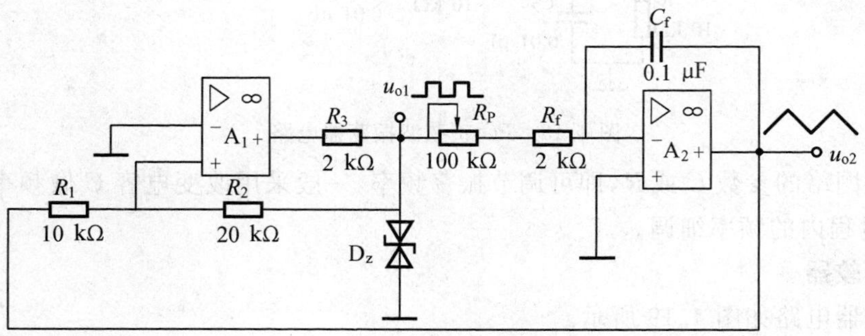

图 4.21　方波－三角波发生器电路

大改善。

图 4.21 中 A_1、D_z、R_1、R_2、R_3 组成比较器，A_2、R_f、C_f 组成积分器。

电路的振荡频率为

$$f_0=\frac{R_2}{4R_1(R_f+R_2)C_f} \tag{4.26}$$

方波的输出幅值为

$$u_{o1}=\pm\frac{R_1}{R_2}U_Z \tag{4.27}$$

4.4.5　实验内容

1. *RC* 正弦波振荡器实验

(1) 参照图 4.18 连接线路，注意连接正负电源。检查无误后，接通电源，然后缓慢调节 R_P，观察负反馈强弱(即 A_{uf} 大小) 对输出波形 u_o 的影响。

(2) 调节 R_P，使 u_o 波形基本不失真时，分别测出输出电压 U_o(有效值) 和振荡频率 f_0。

(3) 画出波形，把实测频率与理论值进行比较；根据实验分析 *RC* 振荡器的振荡条件；讨论二极管 D_1、D_2 的稳幅作用。

2. 占空比可调的矩形波发生电路设计实验

要求输出脉冲信号频率为 1 kHz。

(1) 在图 4.19 的基础上连接电压比较器，观察并测量电路的振荡频率、幅值及占空比。

(2) 若要使占空比更大，应如何选择电路参数？先讨论方法然后实验验证。

3. 方波—三角波发生电路实验

(1) 按图 4.20 实验电路图连接线路，用示波器分别观测 u_{o1} 及 u_{o2} 的波形并作记录。

(2) 如何改变输出波形的频率？按预习方案分别进行设计、实验并记录。

4. 锯齿波发生电路实验

(1) 可以参照图 4.21 也可以查阅资料自拟实验电路；按设计的实验电路图连接线路，观测电路输出的波形和频率；并记录数据。

(2) 按设计的方案改变锯齿波频率并测量变化范围，记录数据。

(3) 整理实验数据，把实测频率与理论值进行比较；分析电路参数变化(R_1、R_2、R_P)对输出波形频率及幅值的影响。

4.4.6　实验注意事项

(1) 二极管 D_1、D_2 宜选用特性一致的硅管。

(2) μA741 集成运算放大器的各个管脚不要接错，尤其是正、负电源不能接反，否则极易损坏芯片。

4.4.7　实验思考题

(1) 三角波发生器和锯齿波发生器电路有何不同？

(2) 哪些因素会影响波形发生器的幅度和频率？

4.4.8　实验报告要求

(1) 分析 *RC* 振荡器的振荡条件。

(2) 画出实验中各运放的输出波形，把实测频率和理论计算值相比较。

(3) 讨论二极管 D_1、D_2 的稳幅作用。

(4) 实验的感想、意见和建议写在实验结论之后。

4.5　实验五　集成稳压电源

4.5.1　实验目的和意义

(1) 探究集成稳压电源的特点和使用方法。

(2) 了解集成稳压芯片 7812 的主要性能和技术参数。

(3) 掌握集成稳压电源电路的主要性能指标及其测试方法。

4.5.2　实验预习要求

(1) 复习集成稳压电源的组成和各部分的工作特性。

(2) 复习集成稳压电源的性能参数。

(3) 实验之前必须明确本次实验的目的、意义，实验原理，实验电路图；完成所有计算值的计算，填写在实验指导书相应的栏目及表格中。

4.5.3 实验仪器与设备

(1) 示波器:1 台;
(2) 数字万用表:1 块;
(3) 交流毫伏表:1 块;
(4) 可调输出变压器:1 台;
(5) 集成稳压芯片 7812:1 个;
(6) 电解电容:2 个;
(7) 陶瓷电容:2 个;
(8) 二极管整流桥:1 个(或者二极管:4 个);
(9) 滑动变阻器:2 个;
(10) 电阻:3 个。

4.5.4 实验原理

图 4.22 所示电路为变压、整流、滤波、稳压电路,它能将输入的 220 V(50 Hz) 交流电压变换为稳定的直流电压输出到负载上去。

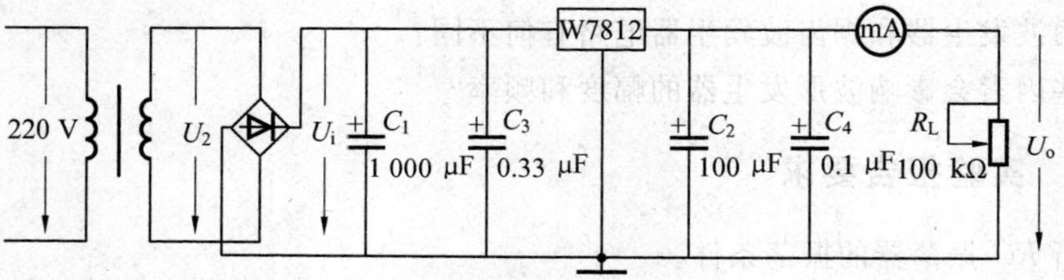

图 4.22 W7812 构成的串联型直流稳压电源

图中滤波电容 C_1、C_2 一般选取几百 ~ 几千微法,当稳压器距离整流电路比较远时,在输入端必须接入电容器 C_3(数值为 0.33 μF),以抵消线路的电感效应,防止自激振荡。输出端接电容 C_4(0.1 μF),用以滤除输出端的高频信号,改善电路的暂态响应。

图 4.23 为 W7800 系列的外形图和原理接线图。

本实验所用集成稳压器为三端固定正稳压器 W7812,它的主要参数有:输出直流电压为 $U_o=+12$ V,输出电流为 L:0.1 A,M:0.5 A,电压调整率为 10 mV/V,输出电阻为 $R_o=0.15\ \Omega$,输入电压 U_i 的范围为 15 ~ 17 V。因为一般 U_i 要比 U_o 大 3 ~ 5 V,才能保证集成稳压器工作在线性区。

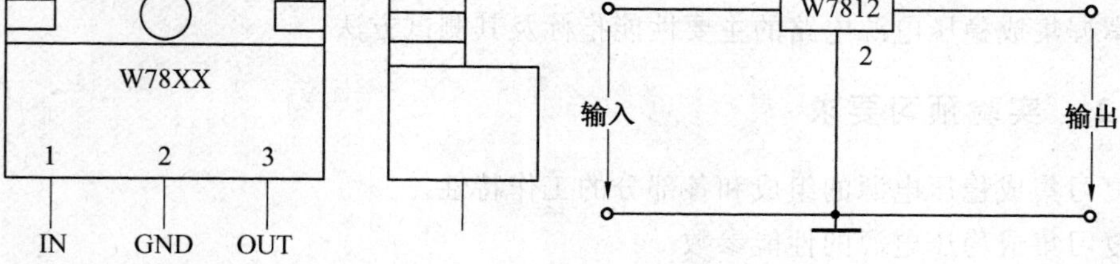

图 4.23 W7800 系列的外形图和原理接线图

下面介绍稳压电源主要性能指标与测试方法。

(1) 稳压系数 S_u。

直流稳压电源可用图 4.24 所示框图表示。当输出电流不变(且负载为确切值)时，输出电压相对变化量与输入电压相对变化量之比定义为稳压系数，用 S_u 表示

$$S_u = \left.\frac{(\Delta U_o)/U_o}{(\Delta U_i)/U_i}\right|_{I_o=\text{常数}} \tag{4.28}$$

图 4.24　稳压电源框图

测出当输入电压 U_i 增大或减少 10% 时，其相应的输出电压 U_o 为 U_{o1}、U_{o2}，求出 ΔU_{o1}、ΔU_{o2}，并将其中数值较大的 ΔU_o 代入 S_u 表达式中。显然，S_u 越小，稳压效果越好。

(2) 输出电阻 R_o。

输入电压不变，输出电压变化量与输出电流变化量之比定义为稳压电源的输出电阻，用 R_o 表示

$$R_o = \left|\frac{\Delta U_o}{\Delta I_L}\right|_{\Delta U_i=0} \tag{4.29}$$

式中，$\Delta I_L = I_{Lmax} - I_{Lmin}$($I_{Lmax}$ 为稳压器额定输出电流，$I_{Lmin}=0$)。

测量时，令 $\Delta U_i=$常数，分别测出 I_{Lmax} 时的 U_{o1} 和 $I_{Lmin}=0$ 时的 U_{o2}，求出 ΔU_o，即可算出 R_o。

(3) 纹波电压。

纹波电压是指输出电压交流分量的有效值，一般为毫伏量级。

测量时，保持输出电压 U_o 和输出电流 I_o 为额定值，用交流毫伏表直接测量即可。

4.5.5　实验内容

1. 集成稳压电源电路的连接和性能测量

(1) 参照图 4.22 分步连接直流稳压电源电路，注意每次连接之前要切断电源，连接之后先进行输出电压测量然后进行下一步连接。负载电阻 $R_L=120\ \Omega$。

① 变压输出测量。将变压器原边接到 220 V 交流电源上，缓慢调节调压器输出，用万用表交流挡测量调压输出，使交流电压在 15 ～ 17 V 之间，并记录此数据填入表 4.14 中。

② 整流输出测量。关闭电源，将整流桥(或者使用 4 个二极管) 正确连接到电路中，然后接通电源，用万用表直流挡测量桥式整流电路的输出，并将测量结果填入表 4.14 中。

③ 滤波电路测试。关闭电源将滤波电容连接到电路中，在开路的状态下用万用表直流挡测量输出电压；然后关闭电源，将负载电阻接入电路，打开电源测量组在两端的电压，比较两个电压的变化，将测量结果填入表 4.14 中。

④ 稳压电路测试。关闭电源，参照图 4.22 将稳压集成芯片 7812 及输入输出端电容 C_2、C_3、C_4 连接到电路中，接通电源用万用表测量稳压器输出，并将测量结果填入表 4.15 中；然后

关闭电源，将毫安表和负载电阻接入电路，接通电源，测量负载电压和电流，将测量结果填入表4.14中。

表 4.14 稳压电路连接测试

	变压器	整流	滤波		稳压	
			空载	带载	空载	带载
输出电压 U_o						

电路经初测进入正常工作状态后，才能进行各项指标的测试。

(2) 稳压电源各项性能指标测试。

① 负载变化对输出电压U_o和输出电流I_o的影响。如果在输出端接负载电阻$R_L=120\ \Omega$，由于理论上W7812输出电压$U_o=12$ V，因此流过R_L的电流为$I_{omax}=12/120=100$ mA。这时，如果改变负载，U_o应基本保持不变，若变化较大则说明集成块性能不良。改变负载R_L取值，观察负载电流和电压的变化，将测量结果填入表4.15中。

表 4.15 稳压电路连接测试

负载电阻 R_L	输出电压 U_o	输出电流 I_o
120 Ω		

② 测量稳压系数S_u。电路接负载电阻$R_L=120\ \Omega$，然后接通电源，缓慢调节变压器输出变化±10%(注意，电压减小不能低于15 V)，测量输出电压的数值，利用式(4.28)计算稳压系数，取两个计算结果中较大的作为最后结果。

③ 测量输出电阻R_o。可以利用前面的测量结果直接计算输出电阻R_o。

④ 测量输出纹波电压。在电路正常工作的情况下，用交流毫伏表接到负载两端直接测量纹波电压，并记录之。

2. 输入电压偏小时稳压电源的稳压性能

缓慢减小变压器输出到14 V，然后测量输出电压和输出电流，然后继续减小变压器输出到12 V，测量输出电压和输出电流，将测量数据填入表4.16中。注意此时接入负载电阻$R_L=120\ \Omega$。

表 4.16 电压偏小时稳压电路的稳压性能

输入电压 U_i	输出电压 U_o	输出电流 I_o
14 V		
12 V		

3. 集成稳压器性能扩展

当选定稳压器的型号后，其输出电压基本固定，若想扩大输出电压范围，可以通过改变公共端的电压来实现输出电压的改变。图4.25为用固定三端稳压器组成的扩大输出电压的三端稳压器，其中$U_2=28$ V。R_2上的偏压是由静态电流I_o和R_1上提供的偏流共同决定的，在

R_2 上产生一个可调的变化电压，并加在公共端，则输出电压为

$$U'_o=(1+\frac{R_2}{R_1})U_o+R_2I_o \tag{4.30}$$

式中，U'_o 为集成稳压器的固定输出电压；I_o 为集成稳压器的静态电流(7812 的 $I_o=8$ mA)。

$$R_1=\frac{U_o}{5I_0} \tag{4.31}$$

$$R_2=\frac{U_o-U'_o}{6I_o} \tag{4.32}$$

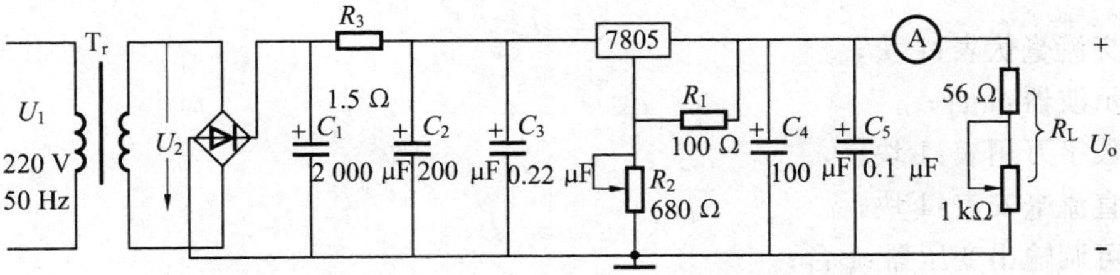

图 4.25　输出电压可调的稳压电源

根据实验电路图 4.25，自拟测试方法与表格，记录实验结果。

4.5.6　实验注意事项

(1) 变压器副边电压 U_2 为交流电压有效值，用万用表交流电压挡测量；输出直流电压 U_o 为平均值，用万用表直流电压挡测量。

(2) 注意电解电容的极性，切勿接反。

(3) 输入、输出不应反接，若反接电压超过 7 V，将会损坏稳压器。

4.5.7　实验思考题

(1) 参照图 4.22，设计能产生 −12 V 的集成稳压电源。

(2) 参照图 4.25，并查阅资料，设计出不同的输出电压可调的稳压电源。

4.5.8　实验报告要求

(1) 整理实验数据并与计算值相比较，分析误差原因；实验数据处理过程要写在实验报告上。

(2) 分析电路中主要元器件的作用。

(3) 实验的感想、意见和建议写在实验结论之后。

4.6　实验六　晶体管串联稳压电源

4.6.1　实验目的和意义

(1) 研究单相桥式整流、电容滤波电路的特性。

(2) 掌握串联型晶体管稳压电源主要技术指标的测试方法。

4.6.2 实验预习要求

(1) 复习晶体管串联稳压电源的组成和各部分的工作特性。

(2) 复习串联稳压电源的性能参数。

(3) 实验之前必须明确本次实验的目的、意义,实验原理,实验电路图;完成所有计算值的计算,填写在实验指导书相应的栏目及表格中。

4.6.3 实验仪器与设备

(1) 交流毫伏表:1 块;

(2) 示波器:1 台;

(3) 数字万用表:1 块;

(4) 直流毫安表:1 块;

(5) 可调输出变压器:1 台;

(6) 滑动变阻器:2 个;

(7) 晶体管:3 个;

(8) 电阻:6 个;

(9) 电容:3 个;

(10) 二极管:1 个;

(11) 二极管整流桥:1 个(或者二极管 4 个)。

4.6.4 实验原理

图 4.26 是由分立元件组成的串联型稳压电源的电路图。其整流部分为单相桥式整流、电容滤波电路。稳压部分为串联型稳压电路,它由调整元件(晶体管 T_1),比较放大器 T_2、R_7,取样电路 R_1、R_2、R_W,基准电压 D_W、R_3 和过流保护电路 T_3 管及电阻 R_4、R_5、R_6 等组成。整个稳压电路是一个具有电压串联负反馈的闭环系统。

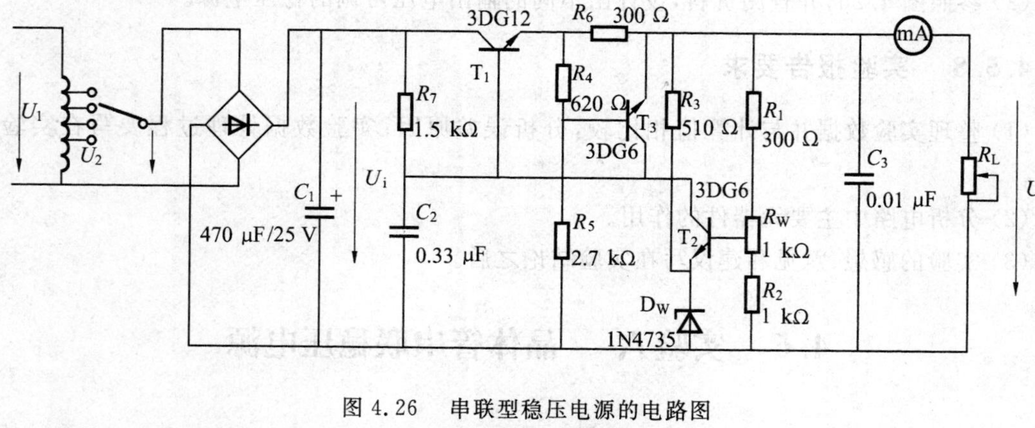

图 4.26 串联型稳压电源的电路图

由于在稳压电路中,调整管与负载串联,因此流过它的电流与负载电流一样大。当输出电流过大或发生短路时,调整管会因电流过大或电压过高而损坏,所以需要对调整管加以保护。在图 4.26 电路中,晶体管 T_3、R_4、R_5、R_6 组成减流型保护电路。此电路设计在 $I_{OP}=1.2I_o$ 时开始起保护作用，此时输出电流减小，输出电压降低。故障排除后电路应能自动恢复正常工作。在调试时，若保护提前作用，应减小 R_6 的阻值；若保护作用滞后，则应增大 R_6 的阻值。

稳压电源的主要性能指标：

(1) 输出电压 U_o 和输出电压调节范围

$$U_o = \frac{R_1 + R_W + R_2}{R_2 + R''_W}(U_Z + U_{BE2}) \tag{4.33}$$

调节 R_W 可以改变输出电压 U_o。

(2) 最大负载电流 I_{om}。

调整管和负载所能承受的最大电流。

(3) 输出电阻 R_o。

输出电阻 R_o 定义为：当输入电压 U_i（指稳压电路输入电压）保持不变，由于负载变化而引起的输出电压变化量与输出电流变化量之比，即

$$R_o = \left|\frac{\Delta U_o}{\Delta I_o}\right|_{U_i=\text{常数}} \tag{4.34}$$

(4) 稳压系数 S（电压调整率）。

稳压系数定义为：当负载保持不变，输出电压相对变化量与输入电压相对变化量之比。即

$$S = \left.\frac{(\Delta U_o)/U_o}{(\Delta U_i)/U_i}\right|_{R_L=\text{常数}} \tag{4.35}$$

由于工程上常把电网电压波动 ±10% 作为极限条件，因此也有将此时输出电压的相对变化 $\Delta U_o/U_o$ 作为衡量指标，称为电压调整率。

(5) 纹波电压。

输出纹波电压是指在额定负载条件下，输出电压中所含交流分量的有效值（或峰值）。

4.6.5　实验内容

1. 整流滤波电路测试

(1) 先调整变压器输出为 14 V，然后按图 4.27 连接实验电路。

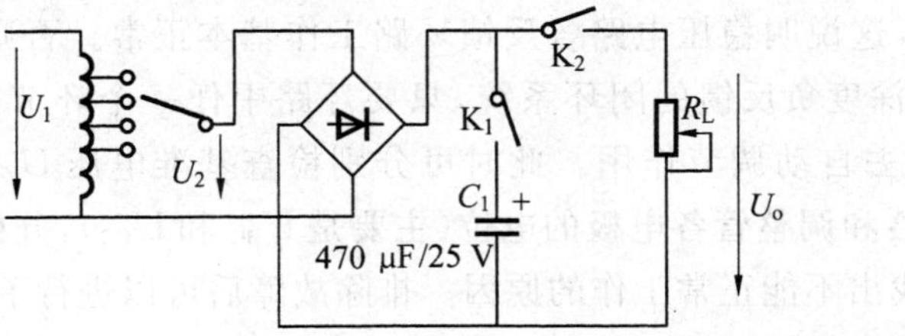

图 4.27　整流滤波电路

(2) 断开 K_1、K_2，接通电源，测量整流电路空载输出，然后闭合 K_2，取 R_L = 1 kΩ 测量整流电路带载输出，将测量数据填入表 4.17 中，并用示波器观察输出电压波形。

(3) 断开 K_2，闭合 K_1，测量整流滤波电路空载时的输出电压，然后闭合 K_2 测量带载时的输出电压，分别取 R_L = 1 kΩ 和 R_L = 500 Ω，将测量数据填入表 4.17 中，并用示波器观察输出电压波形。

注意　*在观察输出电压 u_L 波形的过程中，"Y 轴灵敏度"旋钮位置调好以后，不要再变动，*

否则将无法比较各波形的脉动情况。

表 4.17　整流滤波电路实验数据

电路形式		U_2/V	U_o/V	u_o 波形
整流	空载			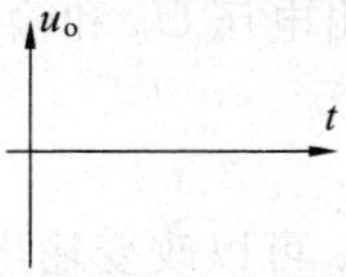
	$R_L = 1\ \text{k}\Omega$			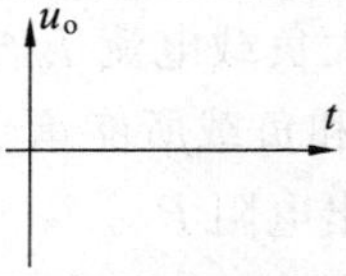
整流滤波	空载			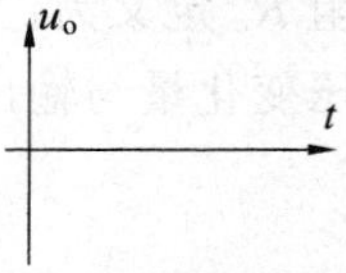
	$R_L = 1\ \text{k}\Omega$ $C = 470\ \mu\text{F}$			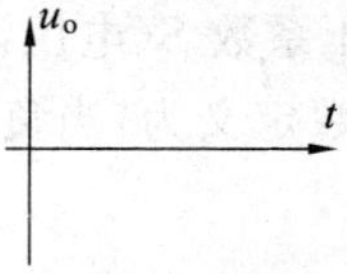
	$R_L = 500\ \Omega$ $C = 470\ \mu\text{F}$			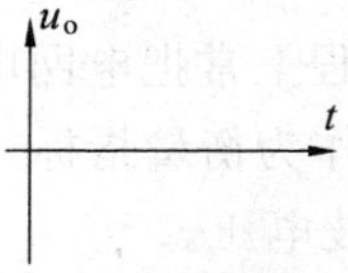

2. **串联型稳压电源性能测试**

切断电源，将电路连接成图 4.26 的形式。

(1) 初测。

将电路负载开路，断开保护电路，然后接通电源，测量整流电路输入电压 U_2、滤波电路输出电压 U_i（稳压器输入电压）及输出电压 U_o。调节电位器 R_W，观察 U_o 的变化情况，如果 U_o 能跟随 R_W 线性变化，这说明稳压电路各反馈环路工作基本正常。否则，说明稳压电路有故障，因为稳压器是一个深度负反馈的闭环系统，只要环路中任一个环节出现故障（某管截止或饱和），稳压器就会失去自动调节作用。此时可分别检查基准电压 U_Z、输入电压 U_i、输出电压 U_o，以及比较放大器和调整管各电极的电位（主要是 U_{BE} 和 U_{CE}），分析它们的工作状态是否都处在线性区，从而找出不能正常工作的原因。排除故障后可以进行下一步测试。

(2) 测量输出电压可调范围。

接入负载 R_L（滑动变阻器），并调节 R_L，使输出电流 $I_o \approx 100$ mA。再调节电位器 R_W，将测量输出电压可调范围 $U_{omin} \sim U_{omax}$。且使 R_W 动点在中间位置附近时 $U_o = 12$ V。若不满足要求，可适当调整 R_1、R_2 的值。

(3) 测量各级静态工作点。

调节输出电压 $U_o = 12$ V，输出电流 $I_o = 100$ mA，测量各级静态工作点，记入表 4.18 中。

表 4.18　各级静态工作点测试数据

	T_1	T_2	T_3
U_B/V			
U_C/V			
U_E/V			

(4) 测量稳压系数 S。

取 $I_o=100$ mA，按表 4.19 改变整流电路输入电压 U_2（模拟电网电压波动），分别测出相应的稳压器输入电压 U_i 及输出直流电压 U_o，将测量数据记入表 4.19 中。

表 4.19　$I_o=100$ mA 时，U_2 变化时稳压系数测试记录

测试值			计算值
U_2/V	U_i/V	U_o/V	S
14			$S_{12}=$
16		12	
18			$S_{23}=$

(5) 测量输出电阻 R_o。

取 $U_2=16$ V，先将负载开路，然后改变滑线变阻器位置使 I_o 为 50 mA 和 100 mA，分别测量相应的 U_o 值，将测量结果记入表 4.20 中。

表 4.20　$U_2=16$ V 时，I_o 变化时输出电阻测试记录

测试值		计算值
I_o/mA	U_o/V	R_o/Ω
0		$R_{o12}=$
50	12	
100		$R_{o23}=$

(6) 测量输出纹波电压。

取 $U_2=16$ V，$U_o=12$ V，$I_o=100$ mA，测量输出纹波电压 u_o，并记录。

(7) 调整过流保护电路。

① 断开电源，接上保护回路，再接通电源，调节 R_W 及 R_L，使 $U_o=12$ V，$I_o=100$ mA，此时保护电路应不起作用。测出 T_3 管各极电位值。

② 逐渐减小 R_L，使 I_o 增加到 120 mA，观察 U_o 是否下降，并测出保护起作用时 T_3 管各极的电位值。若保护作用过早或滞后，可改变 R_6 的值进行调整。

③ 用导线瞬时短接一下输出端，测量 U_o 值，然后去掉导线，检查电路是否能自动恢复正常工作。

4.6.6　实验注意事项

(1) 每次改接电路时，必须切断工频电源。

(2) 变压器副边电压 U_2 为交流电压有效值，用万用表交流电压挡测量；输出直流电压 U_o 为平均值，用万用表直流电压挡测量。

(3) 注意电解电容的极性，切勿接反。

4.6.7　实验思考题

(1) 分析图 4.26 的串联型稳压电源的稳压原理。

(2) 利用所学的知识，设计出选用调整管和运放来实现串联型稳压电源电路。

4.6.8　实验报告要求

(1) 整理实验数据并与计算值相比较，分析误差原因；实验数据处理过程要写在实验报告上。

(2) 分析电路中主要元器件的作用。

(3) 实验的感想、意见和建议写在实验结论之后。

第5章 数字逻辑实验

5.1 实验一 基本门电路逻辑关系的测试、组合逻辑电路功能测试

5.1.1 实验目的

(1) 掌握与门、或门、与非门和异或门等基本逻辑功能及使用方法。

(2) 掌握组合逻辑电路的分析方法及功能测试方法。

(3) 熟悉组合电路的特点。

5.1.2 实验预习要求

(1) 复习基本逻辑门的逻辑关系、逻辑状态表以及组合逻辑电路的分析方法。

(2) 复习用与非门和异或门等构成的半加器、全加器的工作原理。

(3) 进行实验之前必须把实验题目,实验目的、意义,逻辑图功能,实验电路图和真值表填写在实验报告相应的栏目及表格中。

5.1.3 实验仪器与器件

(1) 数字万用表:1块;

(2) 数字电路实验板(插芯片及元器件用):1块;

(3) 二输入与非门芯片 7400:2片;

(4) 二输入异或门芯片 7486:1片;

(5) 四二输入与门芯片 7408:1片;

(6) 四二输入或门芯片 7432:1片。

5.1.4 实验原理

1. 基本逻辑门

本实验中涉及的基本逻辑门为与非门、与门、或门和异或门;逻辑符号及逻辑关系式如图5.1所示。

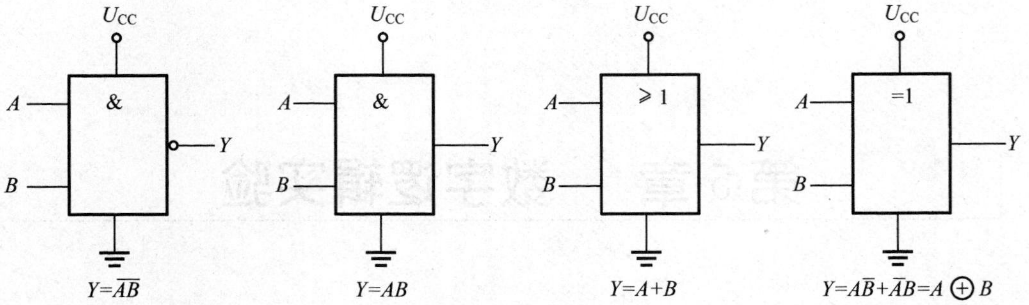

图 5.1　基本逻辑门的逻辑符号及逻辑关系式

2. 组合逻辑电路分析的过程

(1) 了解、分析组合逻辑电路的逻辑要求。

(2) 由逻辑电路图写出逻辑式。

(3) 化简与变换逻辑式。

(4) 由逻辑式写出逻辑状态表。

(5) 根据逻辑状态表分析逻辑功能。

5.1.5　实验内容

1. 分别检测 74LS00、74LS08、74LS32、74LS86 的逻辑功能

(1) 这四种基本逻辑门虽然功能不同，但是芯片的外形是一样的。图 5.2 为四种芯片的管脚图，其中管脚 7 接地，管脚 14 接电源，其他 12 个管脚组成四个二输入逻辑门，7400 为与非门，7408 为与门，7432 为或门，7486 为异或门。

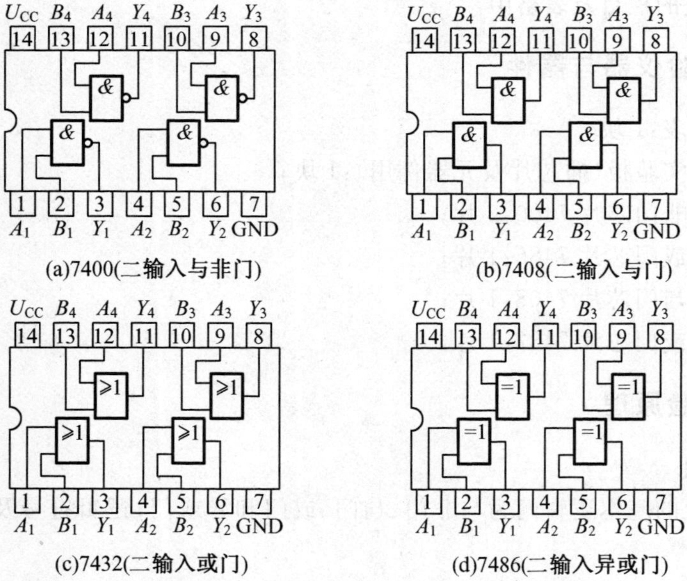

图 5.2　四种芯片的管脚图

(2) 测试步骤。

将 7400、7408、7432、7486 分别按图 5.1 的逻辑门管脚连线，接好电源和地：输入端 A、B 接逻辑电平，输出端 Y 接指示灯，改变输入状态的高低电平，观察灯的亮灭变化，并将输出状态填入表 5.1 中。其中输入高电平为状态“1”，输入低电平为状态“0”，输出指示灯亮为状态“1”，灯不亮为状态“0”。对照检测结果与实际逻辑功能，判别所检测的逻辑门是否工作正常。

表 5.1　逻辑门的逻辑状态表

输入 A　B	输出 Y 7400	输出 Y 7408	输出 Y 7432	输出 Y 7486
0　0				
0　1				
1　0				
1　1				

2. 分析、测试半加器的逻辑功能

(1) 按照图 5.3 选择合适的芯片连接电路。并参照电路写出 S、C 的逻辑表达式。

半加和：$S=$

进位：$C=$

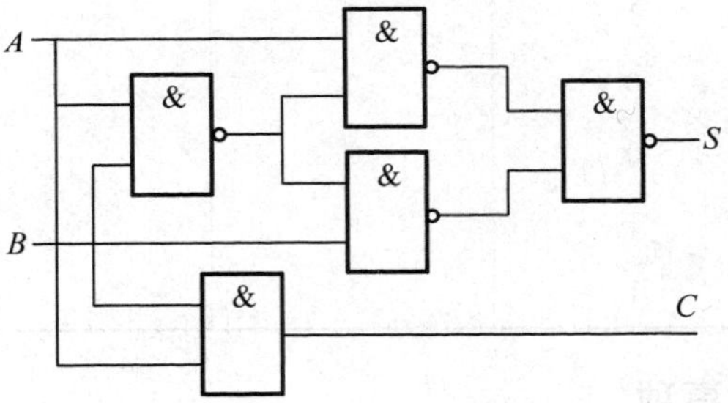

图 5.3　由与非门组成的半加器电路

(2) 检查线路连接准确无误后接通电源。按照表 5.2 的逻辑输入测试电路逻辑功能，将测试结果填入表 5.2 中。

表 5.2　半加器逻辑状态表

输入		输出	
A	B	S	C
0	0		
0	1		
1	0		
1	1		

3. 分析、测试全加器的逻辑功能

(1) 参照图 5.4 选择合适的芯片连接线路，并参照电路写出 S_i、C_i 的逻辑表达式。

全加和：$S_i=$

进位：$C_i=$

(2) 检查线路连接准确无误后接通电源。按照表 5.3 的逻辑输入测试电路逻辑功能，将测

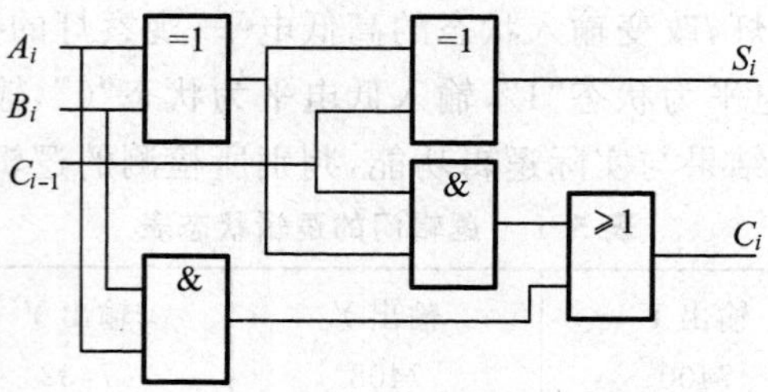

图 5.4　全加器参考电路

试结果填入表 5.3 中。

表 5.3　全加器逻辑状态表

输入			输出	
A_i	B_i	C_{i-1}	S_i	C_i
0	0	0		
0	0	1		
0	1	0		
0	1	1		
1	0	0		
1	0	1		
1	1	0		
1	1	1		

5.1.6　实验注意事项

(1) 实验中要求使用＋5 V 电源，电源极性绝对不允许接错。

(2) 插集成块时，要认清定位标记，不得插反。

(3) 连线之前，先用万用表测量导线是否导通。

(4) 输出端不允许直接接地或直接接＋5 V 电源，否则将损坏器件。

5.1.7　实验思考题

(1) 用与非门设计半加器电路。

(2) 用异或门、与或非门和非门实现全加器电路。

(3) 用半加器和全加器组成一个逻辑电路来实现两个 2 位二进制数 A 和 B 的加法运算。

5.1.8　实验报告要求

(1) 写出实验中的组合逻辑电路的分析过程，正确填写真值表。

(2) 分析实验结果，并对实验中出现的问题及解决的方法进行总结。

5.2　实验二　基于门电路的(或基于 SSI 的)组合逻辑电路的设计

5.2.1　实验目的

(1) 熟悉小规模逻辑电路芯片的使用及测试方法。
(2) 掌握小规模组合逻辑电路的设计方法及功能验证过程。

5.2.2　实验预习要求

(1) 复习组合逻辑电路的设计方法。
(2) 画出实验中涉及的所有设计题目的真值表及逻辑草图。

5.2.3　实验仪器与器件

(1) 数字万用表:1 块;
(2) 数字电路实验板(插芯片及元器件用):1 块;
(3)74 系列芯片:若干。

5.2.4　实验原理

组合逻辑电路设计步骤如图 5.5 所示,具体包含以下几步。

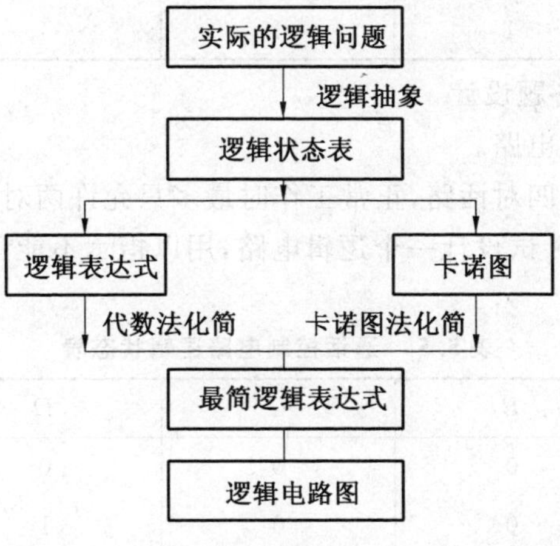

图 5.5　组合逻辑电路的设计过程

(1) 了解、分析设计要求。
(2) 列出待设计电路的逻辑状态表。
(3) 根据逻辑状态表写逻辑式。
(4) 运用逻辑代数化简或变换。
(5) 选择芯片。
(6) 做出逻辑电路图。

5.2.5 实验内容

1. 设计一个 1 位二进制全减器

(1) 设计要求：设计一个 1 位二进制全减器。

(2) 实验步骤。

① 根据预习中所得到组合逻辑电路的逻辑图，由逻辑表达式确定所需要的芯片。

② 对实验中要用到的芯片进行功能测试。

③ 根据预习中所得到的逻辑电路图进行电路连接。

④ 将测试结果填入表 5.4 中。

表 5.4 全减器逻辑状态表

A_i	B_i	C_i	C_{i+1}	S_i
0	0	0		
0	0	1		
0	1	0		
0	1	1		
1	0	0		
1	0	1		
1	1	0		
1	1	1		

2. 参照上例完成下列各题设计

(1) 设计一个通话控制电路。

设 A、B、C、D 分别代表四对话路，正常工作时最多只允许两对同时通话，且 A 路和 B 路、C 路和 D 路不允许同时通话。试设计一个逻辑电路，用以指示不能正常工作情况。将测试结果填入表 5.5 中。

表 5.5 通话控制电路逻辑状态表

A	B	C	D	F
0	0	0	0	
0	0	0	1	
0	0	1	0	
0	0	1	1	
0	1	0	0	
0	1	0	1	
0	1	1	0	
0	1	1	1	
1	0	0	0	

续表 5.5

A	B	C	D	F
1	0	0	1	
1	0	1	0	
1	0	1	1	
1	1	0	0	
1	1	0	1	
1	1	1	0	
1	1	1	1	

(2) 设计四人表决电路。

设计四人表决电路。其中 A 同意得 2 分，其余三人 B、C、D 同意各得 1 分。总分大于或等于 3 分时通过，即 $F=1$。将测试结果填入表 5.6 中。

表 5.6　四人表决电路逻辑状态表

A	B	C	D	F
0	0	0	0	
0	0	0	1	
0	0	1	0	
0	0	1	1	
0	1	0	0	
0	1	0	1	
0	1	1	0	
0	1	1	1	
1	0	0	0	
1	0	0	1	
1	0	1	0	
1	0	1	1	
1	1	0	0	
1	1	0	1	
1	1	1	0	
1	1	1	1	

(3) 设计一个排队电路。

火车入站排队系统，当有动车、特快、普快三种列车要入站时，一个时间只允许一种火车入站，选取的优先顺序为动车、特快、普快。试设计该排队电路，将测试结果填入表 5.7 中。

表 5.7　排队电路逻辑状态表

A	B	C	F_A	F_B	F_C
0	0	0			
0	0	1			
0	1	0			
0	1	1			
1	0	0			
1	0	1			
1	1	0			
1	1	1			

5.2.6　实验注意事项

(1) 首先检查设计是否正确。

(2) 检查电路接线是否正确。

(3) 用万用表检测各逻辑门电平，是否出现低压不低、高压不高的现象，导致电路逻辑功能出错。

5.2.7　实验思考题

(1) 设计一个血型配对指示器。

设计要求：设计一个血型配对指示器，当供血和受血血型不适合表 5.8 所列情况时，指示灯亮。

表 5.8　血型配对指示器逻辑状态表

供血血型	受血血型
A	A,AB
B	B,AB
AB	AB
O	A,B,AB,O

(2) 设计一个信号灯的控制电路。

设计要求：有红、黄、绿三个信号灯，用来指示三台设备的工作情况。当三台设备都正常工作时，绿灯亮；当有一台设备发生故障时，黄灯亮；当有两台设备发生故障时，红灯亮；当三台设备同时发生故障时，红灯和黄灯都亮。

(3) 设计一个入场控制电路。

设计要求：学校礼堂举办新年晚会，规定男生持红票可以入场，女生持绿票可以入场，持黄票的不论男女都可以入场。如果一个人同时持有几种票，只要有票符合入场条件就可以入场。

5.2.8 实验报告要求

(1) 画出正确的逻辑图,填写真值表,对实验结果进行分析。

(2) 对实验中出现的故障及解决的方法进行总结。

5.3 实验三 基于中规模集成模块的组合逻辑电路分析与设计

5.3.1 实验目的

(1) 熟悉译码器的逻辑功能。

(2) 熟悉数据选择器的逻辑功能。

(3) 学习用译码器构成组合逻辑电路的方法。

(4) 学习用数据选择器构成组合逻辑电路的方法。

5.3.2 实验预习要求

(1) 熟悉译码器、数据选择器的工作原理。

(2) 完成实验要求的逻辑状态表和逻辑草图。

5.3.3 实验仪器与器件

(1) 数字万用表:1块;

(2) 数字电路实验板(插芯片及元器件用):1块;

(3) 与门、与非门、或门:各1片;

(4) 双四选一数据选择器:1片;

(5) 八选一数据选择器:1片;

(6)3线-8线译码器:1片。

5.3.4 实验原理

1.74LS138 **译码器**

译码器是数字电路中用得很多的一种多输入多输出的组合逻辑电路。译码器可分为两种类型,一种是将一系列代码转换成与之一一对应的有效信号。这种译码器可称为唯一地址译码器,它常用于计算机中存储器芯片或接口芯片选片的译码,即将每一个地址代码转换成一个有效信号,从而选中对应的芯片。另一种是将一种代码转换成另一种代码,所以也称为代码变换器。下面介绍74LS138译码器。

74LS138译码器的管脚图如图5.6所示,逻辑符号如图5.7所示,其功能表见表5.9。

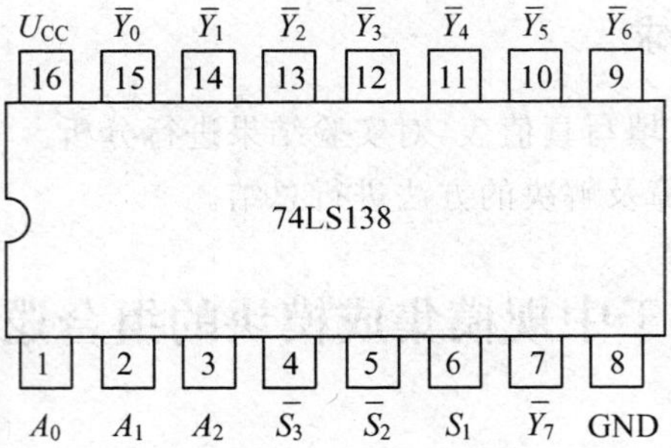

图 5.6　3 线－8 线译码器 74LS138 的管脚图

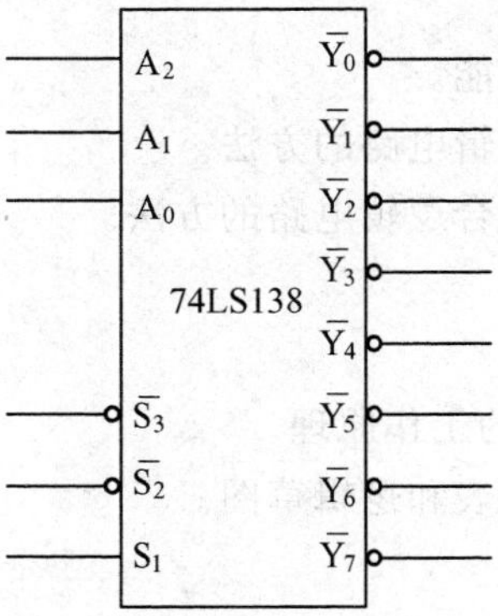

图 5.7　3 线－8 线译码器 74LS138 的逻辑符号

表 5.9　3 线－8 线译码器 74LS138 的功能表

输入						输出							
S_1	$\overline{S}_2$	$\overline{S}_3$	A_2	A_1	A_0	$\overline{Y}_0$	$\overline{Y}_1$	$\overline{Y}_2$	$\overline{Y}_3$	$\overline{Y}_4$	$\overline{Y}_5$	$\overline{Y}_6$	$\overline{Y}_7$
1	0	0	0	0	0	0	1	1	1	1	1	1	1
1	0	0	0	0	1	1	0	1	1	1	1	1	1
1	0	0	0	1	0	1	1	0	1	1	1	1	1
1	0	0	0	1	1	1	1	1	0	1	1	1	1
1	0	0	1	0	0	1	1	1	1	0	1	1	1
1	0	0	1	0	1	1	1	1	1	1	0	1	1
1	0	0	1	1	0	1	1	1	1	1	1	0	1
1	0	0	1	1	1	1	1	1	1	1	1	1	0
0	×	×	×	×	×	1	1	1	1	1	1	1	1
×	1	×	×	×	×	1	1	1	1	1	1	1	1
×	×	1	×	×	×	1	1	1	1	1	1	1	1

由表 5.9 可以看出，该译码器有三个使能输入端：S_1，$\overline{S}_2$ 和 $\overline{S}_3$，只有当 $S_1=1$，且 $\overline{S}_2$ 和 $\overline{S}_3$ 均为零时，译码器才处于工作状态；否则就禁止译码。设置多个使能端，使得该译码器能被灵活地组成各种电路。

此外，这种带使能端的译码器也可直接作为数据分配器和脉冲分配器使用。

2. 数据选择器

数据选择器具有多种形式，它基本上是由三部分组成，即数据选择控制（或称地址输入）、数据输入电路和数据输出电路。数据选择器根据不同的需要有多种形式输出，有的以原码形式输出（如 74LS153），有的以反码形式输出（如 74LS352），有的数据选择器输出级是寄存器，要有同步时钟脉冲方能输出（如 74LS399）。

目前，数据选择器规格有十六选一、八选一、双四选一和四选一等。数据选择器尽管逻辑功能不同，但是组成的原理大同小异。

中规模集成芯片 74LS153 为双四选一数据选择器，其管脚排列如图 5.8(a) 所示，逻辑符号如图 5.9 所示，功能见表 5.10。$D_0 \sim D_3$ 为四个数据输入端，Y 为输出端，A_1、A_0 为控制输入端（或称地址端）。

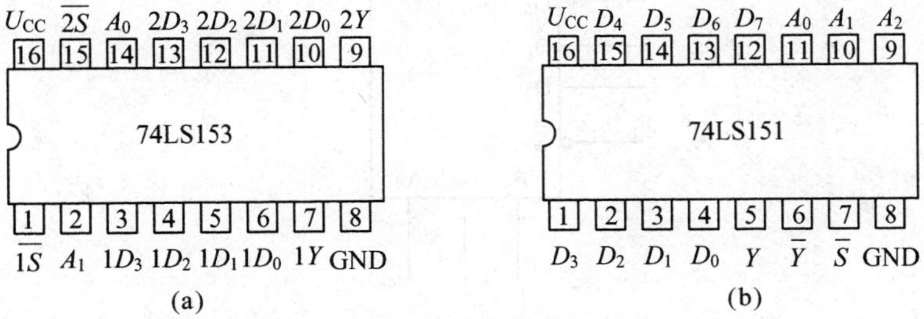

图 5.8　双四选一数据选择器 74LS153 和八选一数据选择器 74LS151 管脚图

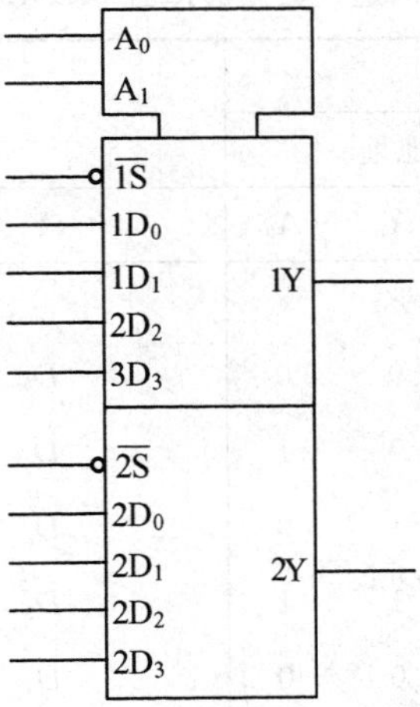

图 5.9　双四选一数据选择器 74LS153 的逻辑符号

表 5.10　八选一数据选择器 74LS153 的功能表

输入			输出
$\overline{S}$	A_1	A_0	Y
1	×	×	0
0	0	0	D_0
0	0	1	D_1
0	1	0	D_2
0	1	1	D_3

当 $\overline{S}=1$ 时，$Y=0$，禁止选择；当 $\overline{S}=0$ 时，正常工作。

当 $\overline{S}=0$ 时，74LS153 的逻辑表达式为

$$Y=S(D_0\overline{A}_1\overline{A}_0+D_1\overline{A}_1A_0+D_2A_1\overline{A}_0+D_3A_1A_0) \tag{5.1}$$

下面介绍 TTL 中规模集成芯片八选一数据选择器 74LS151，管脚排列如图 5.8(b) 所示，逻辑符号如图 5.10 所示，功能表见表 5.11。

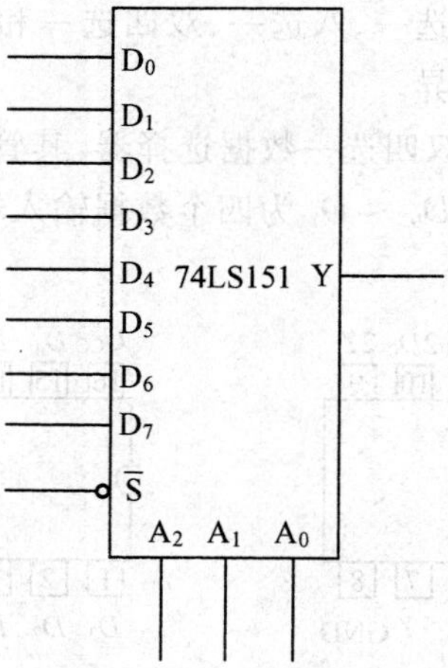

图 5.10　八选一数据选择器 74LS151 的逻辑符号

表 5.11　八选一数据选择器 74LS151 的功能表

输入				输出	
使能	地址				
$\overline{S}$	A_2	A_1	A_0	Y	$\overline{Y}$
1	×	×	×	0	1
0	0	0	0	D_0	$\overline{D}_0$
0	0	0	1	D_1	$\overline{D}_1$
0	0	1	0	D_2	$\overline{D}_2$
0	0	1	1	D_3	$\overline{D}_3$
0	1	0	0	D_4	$\overline{D}_4$
0	1	0	1	D_5	$\overline{D}_5$
0	1	1	0	D_6	$\overline{D}_6$
0	1	1	1	D_7	$\overline{D}_7$

74LS151 是一种典型的集成电路数据选择器，它有三个地址输入端 A_0、A_1、A_2，可选择 $D_0\sim D_7$ 八个数据输入端，Y 为输出端，$\overline{Y}$ 为反相输出端。

74LS151 的逻辑表达式为

$$\begin{aligned}Y=S(&D_0\overline{A}_2\overline{A}_1\overline{A}_0+D_1\overline{A}_2\overline{A}_1A_0+D_2\overline{A}_2A_1\overline{A}_0+D_3\overline{A}_2A_1A_0+\\&D_4A_2\overline{A}_1\overline{A}_0+D_5A_2\overline{A}_1A_0+D_6A_2A_1\overline{A}_0+D_7A_2A_1A_0)\end{aligned} \tag{5.2}$$

数据选择器可以用来设计函数信号发生器。用数据选择器可以产生任意组合的逻辑函

数，因而用数据选择器构成函数信号发生器方法简便，线路简单，对于任何给定的三输入变量逻辑函数均可选用四选一数据选择器来实现，对于四输入变量逻辑函数可以选用八选一数据选择器来实现。

5.3.5　实验内容

1. 测试 3 线－8 线译码器 74LS138 的逻辑功能

(1) 按照管脚图 5.6 接线，先接好电源和地：输入端和使能端均接逻辑电平，输出端接指示灯，改变输入端和使能端的状态，观察灯的亮灭变化。

(2) 对照状态表 5.9 逐一进行功能测试。

2. 测试八选一数据选择器 74LS151 的逻辑功能

(1) 按照管脚图 5.8 接线，先接好电源和地：输入端和使能端均接逻辑电平，输出端接指示灯，改变输入端和使能端的状态，观察灯的亮灭变化。

(2) 对照状态表 5.10 逐一进行功能测试。

3. 测试双四选一数据选择器 74LS153 的逻辑功能

(1) 按照管脚图 5.8 接线，先接好电源和地：输入端和使能端均接逻辑电平，输出端接指示灯，改变输入端和使能端的状态，观察灯的亮灭变化。

(2) 对照状态表 5.11 逐一进行功能测试。

4. 用 74LS138 设计一个水坝水位报警显示电路

(1) 设计要求。水位高度用 3 位二进制数提供。当水位上升到 5 m 时绿灯亮，水位上升到 6 m 时白灯黄灯都亮，水位上升到 7 m 时红灯亮，同时其他灯灭。试用 74LS138 实现。

(2) 实验步骤。

① 根据预习中所得对题目进行组合逻辑电路的设计，由逻辑表达式确定所需要的芯片。

② 对实验中要用到的芯片进行功能测试。

③ 根据预习中所得到的逻辑电路图进行电路连接。

④ 将测试结果填入表 5.12 中。

表 5.12　水坝水位报警控制器逻辑状态表

A	B	C	$F_{红}$	$F_{黄}$	$F_{绿}$
0	0	0			
0	0	1			
0	1	0			
0	1	1			
1	0	0			
1	0	1			
1	1	0			
1	1	1			

5. 用数据选择器实现组合逻辑函数

设计要求：分别用 74LS151 和 74153 实现逻辑函数 $F(A,B,C)=AB+BC+AC$。将测试

结果填入表 5.13 中。

表 5.13 组合逻辑函数逻辑状态表

A	B	C	F
0	0	0	
0	0	1	
0	1	0	
0	1	1	
1	0	0	
1	0	1	
1	1	0	
1	1	1	

5.3.6 实验注意事项

(1) 首先检查设计是否正确。

(2) 检查电路接线是否正确。

(3) 应正确理解使能端的正确使用。

(4) 用万用表检测各逻辑门电平,是否出现低压不低、高压不高的现象,导致电路逻辑功能出错。

5.3.7 实验思考题

(1) 试将双四选一数据选择器 74153 和适当逻辑门扩展为八选一数据选择器。

(2) 用 2 片 74LS138 设计一个水坝水位报警显示电路。

设计要求:水位高度用 4 位二进制数提供。当水位上升到 7 m 时白灯亮,水位上升到 10 m 时白灯、黄灯都亮,水位上升到 12 m 时红灯亮,同时其他灯灭。水位不可能达到 14 m。选择合适的器件完成设计。

5.3.8 实验报告要求

(1) 写出实验中所用到的芯片逻辑功能测试结果。

(2) 写出设计全过程。

(3) 对实验结果进行分析、讨论。

(4) 对实验中出现的故障现象及解决的方法进行总结。

5.4 实验四 触发器性能实验

5.4.1 实验目的

(1) 掌握 RS 触发器、D 触发器和 JK 触发器的工作原理。

(2) 学会正确使用 RS 触发器、D 触发器和 JK 触发器。

(3) 熟悉触发器相互转换的方法。

(4) 熟悉用触发器构成简单时序逻辑电路的方法。

5.4.2 实验预习要求

(1) 复习有关触发器知识。

(2) 完成实验中涉及的由触发器构成的时序逻辑电路的设计草图及波形图。

5.4.3 实验仪器与器件

(1) 数字万用表:1 块;

(2) 示波器:1 台;

(3) 数字电路实验板(插芯片及元器件用):1 块;

(4) 双 D 触发器:1 片;

(5) 双 JK 触发器:1 片;

(6) 四二输入与非门:1 片。

5.4.4 实验原理

1. 触发器逻辑电路设计原则和步骤

触发器是构成各种时序逻辑电路的基本单元。SSI 时序逻辑电路的设计原则是,当选用小规模集成电路时,所用的触发器和逻辑门电路的数目应最少,而且触发器和逻辑门电路的输入端数目也应为最少;所设计出的逻辑电路应力求最简,并尽量采用同步系统。

其设计步骤如下:

(1) 导出原始状态图或状态表。分析给定的逻辑问题,确定输入变量、输出变量以及电路的状态数,定义输入、输出逻辑状态的含义,并按照题意列出状态转换图或状态转换表,即把给定的逻辑问题抽象为一个时序逻辑函数来描述。

(2) 状态化简。状态化简的目的是将等价状态尽可能合并,以得出最简的状态转换图。

(3) 状态编码。时序逻辑电路的状态是用触发器状态的不同组合来表示的。因此,首先要确定触发器的数目 n,而 n 个触发器共有 2^n 种状态组合,所以为了获得 M 个状态组合,必须取 $2^{n-1} < M < 2^n$。

(4) 触发器选型、导出输出和激励函数表达式。选定触发器的类型并求出状态方程、驱动方程和输出方程。不同逻辑功能的触发器驱动方式不同,所以用不同类型触发器设计出的电路也不一样。因此,在设计具体电路前必须根据需要选定触发器的类型。

(5) 检查多余状态,打破无效循环。

(6) 根据驱动方程和输出方程,画出逻辑电路图。

(7) 检查设计的电路能否自启动,所谓自启动即当电路因为某种原因,例如干扰而进入某一无效状态时,能自动地由无效状态返回有效状态。

2. 集成触发器的基本类型及逻辑功能

一个逻辑电路在任一时刻的稳定输出不仅与该时刻的输入信号有关,而且与过去时刻的电路输入信号有关,这样的逻辑电路称为时序逻辑电路。触发器是构成时序逻辑电路的主要元件，电路中有无触发器也是组合逻辑电路与时序逻辑电路的区分标志。触发器具有两个稳定状态，即“0”状态和“1”状态，只有在触发信号作用下，才能从原来的稳定状态转变为新的稳定状态。

触发器的种类很多，按其功能可分为 *RS* 触发器、*JK* 触发器、*D* 触发器、*T* 触发器和 *T′* 触发器；按电路的触发方式又可分为高电平触发、低电平触发、上升沿触发和下降沿触发以及主从触发器的脉冲触发等。实验中采用的 74LS112 型双 *JK* 触发器，是下降沿触发的边沿触发器，其功能表见表 5.14。74LS74 型双 *D* 触发器是上升沿触发的边沿触发器，其功能表见表 5.15。

表 5.14　74LS112 型双 *JK* 触发器功能表

输入					输出	
$\overline{S}_D$	$\overline{R}_D$	CP	J	K	Q^{n+1}	$\overline{Q}^{n+1}$
0	1	×	×	×	1	0
1	0	×	×	×	0	1
0	0	×	×	×	不定态	不定态
1	1	↓	0	0	Q^n	$\overline{Q}^n$
1	1	↓	0	1	0	1
1	1	↓	1	0	1	0
1	1	↓	1	1	$\overline{Q}^n$	Q^n
1	1	↓	×	×	Q^n	$\overline{Q}^n$

表 5.15　74LS74 型双 *D* 触发器功能表

输入				输出	
$\overline{S}_D$	$\overline{R}_D$	CP	D	Q^{n+1}	$\overline{Q}^{n+1}$
0	1	×	×	1	0
1	0	×	×	0	1
0	0	×	×	不定态	不定态
1	1	↑	1	1	0
1	1	↑	0	0	1

5.4.5　实验内容

1. 测试基本 *RS* 触发器的逻辑功能

(1) 基本 *RS* 触发器的逻辑电路图如图 5.11 所示。

(2) 实验步骤。

① 按照图 5.11 接线。输入端 $\overline{R}_D$、$\overline{S}_D$ 接逻辑开关，输出端 Q、$\overline{Q}$ 接指示电平。

② 改变 $\overline{R}_D$、$\overline{S}_D$ 的电平，观测并记录 Q、$\overline{Q}$ 的值。

③ 将测试结果填入表 5.16 中。

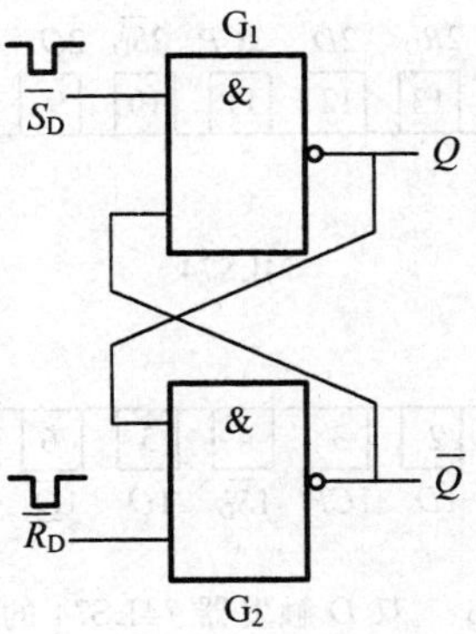

图 5.11　由与非门组成的基本 *RS* 触发器的逻辑电路图

(3) 实验数据记录。

表 5.16　基本 *RS* 触发器的逻辑状态表

$\overline{R}_D$	$\overline{S}_D$	Q	$\overline{Q}$
0	0		
0	1		
1	0		
1	1		

2. 测试双 *JK* 触发器 74LS112 的逻辑功能

(1) 双 *JK* 触发器 74LS112 的管脚图如图 5.12 所示。

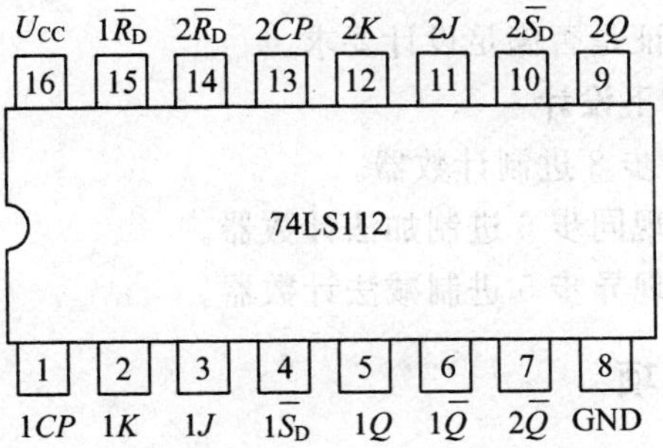

图 5.12　双 *JK* 触发器 74LS112 的管脚图

(2) 实验步骤。

① 测试使能端 $\overline{R}_D$、$\overline{S}_D$ 的复位、置位功能。任意选取一个 *JK* 触发器，输入端 *J*、*K* 和使能端 $\overline{R}_D$、$\overline{S}_D$ 接逻辑开关，*CP* 端接单脉冲，输出端 Q、$\overline{Q}$ 接指示电平，按照表 5.14 中改变 $\overline{R}_D$、$\overline{S}_D$ 的状态，观察输出端 Q、$\overline{Q}$ 状态是否正确。

② 测试 *JK* 触发器的逻辑功能。按照图 5.12 接线。输入端接逻辑开关，输出端接指示电平。改变 $\overline{R}_D$、$\overline{S}_D$ 的电平，观察输出端 Q、$\overline{Q}$ 状态是否正确。

3. 测试双 *D* 触发器 74LS74 的逻辑功能

(1) 双 *D* 触发器 74LS74 的管脚图如图 5.13 所示。

(2) 实验步骤。

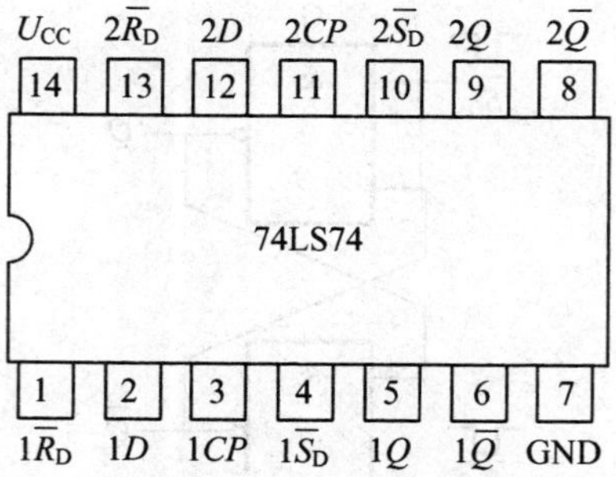

图 5.13　双 D 触发器 74LS74 的管脚图

① 测试使能端 $\overline{R}_D$、$\overline{S}_D$ 的复位、置位功能。任意选取一个 D 触发器，输入端 D 和使能端 $\overline{R}_D$、$\overline{S}_D$ 接逻辑开关，CP 端接单脉冲，输出端 Q、$\overline{Q}$ 接指示电平，按照表 5.15 中改变 $\overline{R}_D$、$\overline{S}_D$ 的状态，观察输出端 Q、$\overline{Q}$ 状态是否正确。

② 测试 D 触发器的逻辑功能。按照图 5.13 接线。输入端接逻辑开关，输出端接指示电平。改变 D 的电平，观测 Q、$\overline{Q}$ 状态是否正确。

③ 将 D 触发器的 $\overline{Q}$ 端与 D 端相连接，构成 T' 触发器。测试其逻辑功能是否正确。

4. 用 JK 触发器实现同步 4 进制计数器

(1) 设计要求。用 JK 触发器实现同步 4 进制计数器。

(2) 实验步骤。

① 根据预习中所得对题目进行组合逻辑电路的设计，由逻辑表达式确定所需要的芯片。

② 对实验中要用到的芯片进行功能测试。

③ 根据预习中所得到的逻辑电路图进行电路连接。

④ 测试输出端状态，验证是否满足设计要求。

5. 参照上例步骤完成如下设计

(1) 用 D 触发器实现异步 8 进制计数器。

(2) 选用任意触发器实现同步 6 进制加法计数器。

(3) 选用任意触发器实现异步 5 进制减法计数器。

5.4.6　实验注意事项

(1) 首先检查设计是否正确。

(2) 检查电路接线是否正确。

(3) 应正确理解使能端的正确使用。

(4) 用万用表检测各逻辑门电平，是否出现低压不低、高压不高的现象，导致电路逻辑功能出错。

(5) 实验开始系统是否清零。

(6) 测试脉冲电平是否满足要求。

5.4.7　实验思考题

(1) 用任意触发器设计一个“101”序列检测器，当电路完成“101”序列信号串行输入时，电路输出 $Z=1$；否则 $Z=0$。有效序列允许重叠。

(2) 用任意触发器构成 4 位二进制移位寄存器。
(3) 用 D 触发器转换成 JK、T、T′ 触发器。
(4) 用 JK 触发器转换成 D、T、T′ 触发器。

5.4.8　实验报告要求

(1) 写出实验中所用到的芯片逻辑功能测试结果。
(2) 写出设计全过程，画出波形图。
(3) 对实验结果进行分析、讨论。
(4) 对实验中出现的故障及解决的方法进行总结。

5.5　实验五　555 电路的应用

5.5.1　实验目的

(1) 熟悉 555 型集成定时器的组成及工作原理。
(2) 掌握 555 定时器电路的典型应用。

5.5.2　实验预习要求

(1) 复习有关单稳态触发器、施密特触发器和多谐振荡器的知识。
(2) 熟悉实验中涉及的各个电路图，掌握其工作原理。

5.5.3　实验仪器与器件

(1) 数字万用表：1 块；
(2) 示波器：1 台；
(3) 数字电路实验板(插芯片及元器件用)：1 块；
(4)555 定时器芯片：1 片；
(5) 电阻(5.1 kΩ、10 kΩ、100 kΩ 滑动变阻器)：各 1 个；
(6) 电容(0.01 μF、0.1 μF、10 μF)：各 1 个；
(7) 二极管：2 个。

5.5.4　实验原理

1.555 定时器的工作原理

555 定时器是一种数字与模拟混合型的中规模集成电路，应用广泛。通过其外部不同的连接，就可以构成多谐振荡器、单稳态触发器和施密特触发器等。

555 定时器原理图及管脚图如图 5.14、5.15 所示，其功能表见表 5.17。555 定时器含有两个电压比较器 C_1 和 C_2、一个由与非门组成的基本 RS 触发器、一个与非门、一个非门、一个放电晶体管 T 以及由 3 个 5 kΩ 的电阻组成的分压器。比较器 C_1 的参考电压为 $\frac{2}{3}U_{CC}$，加在同相输入端；C_2 的参考电压为 $\frac{1}{3}U_{CC}$，加在反相输入端。两者均由分压器上获得。

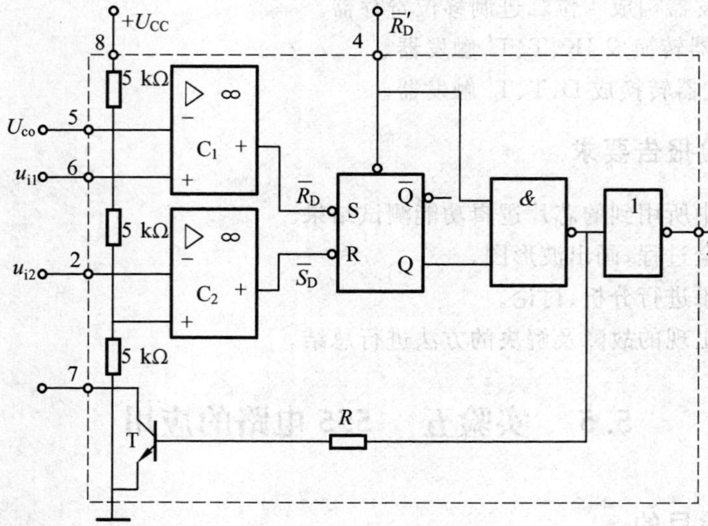

图 5.14　555 定时器原理图

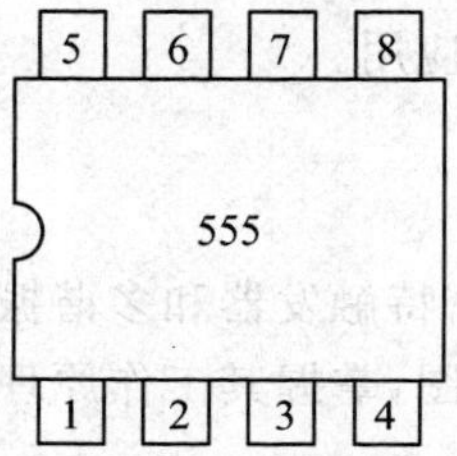

图 5.15　555 定时器管脚图

表 5.17　555 定时器的功能表

$\overline{R}_D$	u_{i1}	u_{i2}	$\overline{R}_D$	$\overline{S}_D$	Q	u_o	T
0	×	×	×	×	×	低电平电压(0)	导通
1	$>\frac{2}{3}U_{CC}$	$>\frac{1}{3}U_{CC}$	0	1	0	低电平电压(0)	导通
1	$<\frac{2}{3}U_{CC}$	$<\frac{1}{3}U_{CC}$	1	0	1	高电平电压(1)	截止
1	$<\frac{2}{3}U_{CC}$	$>\frac{1}{3}U_{CC}$	1	1	保持	保持	保持

2. 典型应用

(1) 由 555 定时器构成的单稳态触发器。

电路如图 5.16 所示，接通电源 → 电容 C 充电（至 $2/3U_{CC}$）→ RS 触发器置 0 → $u_o=0$，T 导通，C 放电，此时电路处于稳定状态。当 2 加入 $U_i<1/3U_{CC}$ 时，RS 触发器置 1，输出 $u_o=1$，使 T 截止。电容 C 开始充电，按指数规律上升，当电容 C 充电到 $2/3U_{CC}$ 时，C_1 翻转，使输出 $u_o=0$。此时 T 又重新导通，C 很快放电，暂稳态结束，恢复稳态，为下一个触发脉冲的到来做好准备。其中输出 u_o 脉冲的持续时间 $t_p=1.1RC$，一般取 $R=1\ \text{k}\Omega\sim10\ \text{M}\Omega$，$C>1\ 000\ \text{pF}$，只要满足 u_i 的重复周期大于 t_p，电路即可工作，实现较精确的定时。

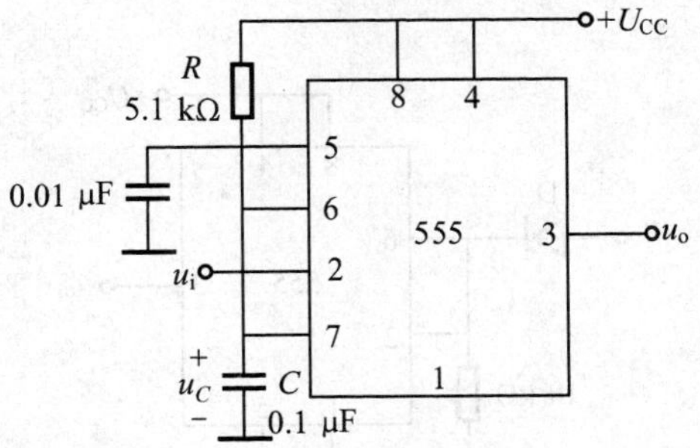

图 5.16　单稳态触发器

(2) 多谐振荡器。

电路如图 5.17 所示，电路无稳态，仅存在两个暂稳态，也不需外加触发信号，即可产生振荡(振荡过程自行分析)。电容 C 在 $1/3U_{CC} \sim 2/3U_{CC}$ 之间充电和放电，输出信号的振荡参数为：

第一个暂稳状态的脉冲宽度 t_{p1}(即电容 C 充电的时间)

$$t_{p1} \approx (R_1 + R_2)C\ln 2 = 0.7(R_1 + R_2)C \tag{5.3}$$

第二个暂稳状态的脉冲宽度 t_{p2}(即电容 C 放电的时间)

$$t_{p2} \approx R_2 C\ln 2 = 0.7R_2 C \tag{5.4}$$

振荡周期

$$T = t_{p1} + t_{p2} \approx 0.7(R_1 + 2R_2)C \tag{5.5}$$

振荡频率

$$f = \frac{1}{T} = \frac{1.43}{(R_1 + 2R_2)C} \tag{5.6}$$

占空比

$$D = \frac{t_{p1}}{t_{p1} + t_{p2}} = \frac{R_1 + R_2}{R_1 + 2R_2} \tag{5.7}$$

555 电路要求 R_1 与 R_2 均应大于或等于 1 kΩ，使 $R_1 + R_2$ 应小于或等于 3.3 MΩ。

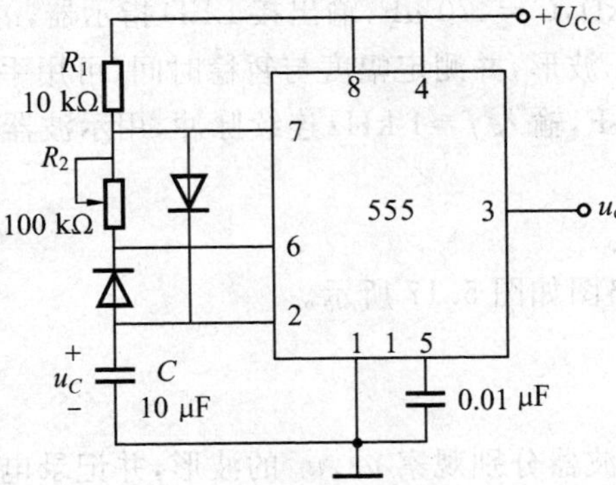

图 5.17　多谐振荡器

(3) 施密特触发器。

电路如图 5.18 所示。u_i 为正弦波，经 D 半波整流到 555 定时器的 2 脚和 6 脚，当 u_i 上升到 $2/3U_{CC}$ 时，u_o 从 $1 \rightarrow 0$；u_i 下降到 $1/3U_{CC}$ 时，u_o 又从 $0 \rightarrow 1$。电路的电压传输特性如图 5.19 所示。

回差电压为 $\Delta U = 1/3U_{CC}$。

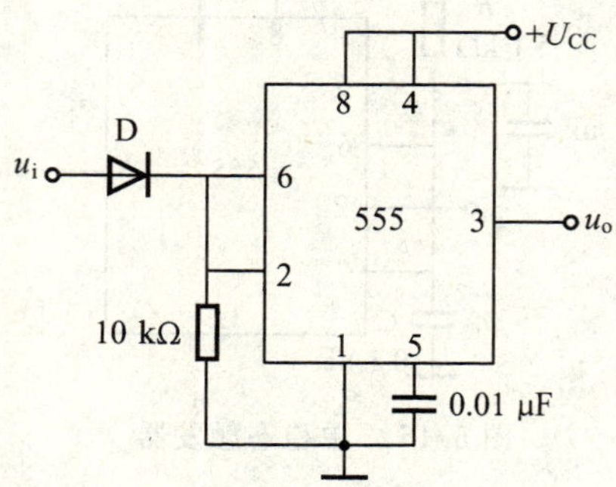

图 5.18　施密特触发器

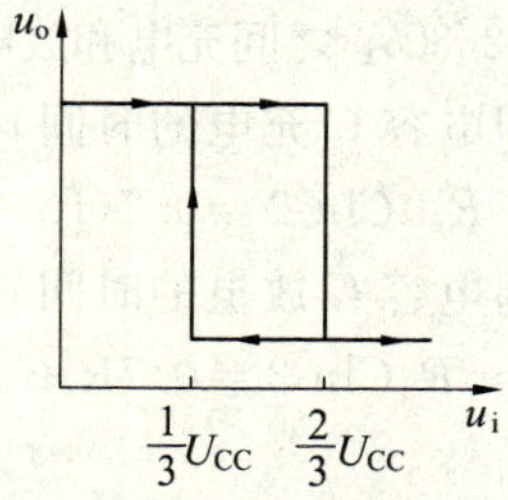

图 5.19　电压传输特性

5.5.5　实验内容

1. 单稳态触发器

(1) 单稳态触发器参考电路图如图 5.16 所示。

参照图 5.16 接线。

(2) 实验步骤。

① 在电路中取 $R=100\ k\Omega$, $C=470\ \mu F$，输出接 LED 指示器，u_i 用数字实验箱上的单次脉冲源，用示波器观察 u_i、u_C、u_o 波形，并测定幅度与暂稳时间(可用手表计时)。

② 取 $R=1\ k\Omega$, $C=0.1\ \mu F$，输入 $f=1$ kHz 连续脉冲，用示波器观察 u_i、u_C、u_o，测定幅度及延时时间。

2. 多谐振荡器

(1) 多谐振荡器参考电路图如图 5.17 所示。

参照图 5.17 接线。

(2) 实验步骤。

① 调节 R_2 的大小，用示波器分别观察 u_C、u_o 的波形，并记录电位器为不同值时输出波形的频率和占空比大小。

② 保持电位器的值不变，改变电容 C 的大小为 1 μF，观察此时输出波形的变化，并记录输出波形的频率和占空比大小。

3. 施密特触发器

(1) 施密特触发器参考电路图如图 5.18 所示。

参照图 5.18 接线。

(2) 实验步骤。

将频率为 1 kHz 的正弦波信号加到 u_i，逐渐加大 u_i 的幅度，记录输出波形，测绘电压传输特性，并算出回差电压 ΔU。

5.5.6　实验注意事项

(1) 首先检查设计是否正确。
(2) 检查电路接线是否正确。
(3) 正确使用示波器。

5.5.7　实验思考题

(1) 设计用两片 555 定时器构成变音信号发生器。
(2) 设计一个占空比可调的多谐振荡器。

5.5.8　实验报告要求

(1) 根据实验内容，记录数据，画出波形。
(2) 分析、总结实验结果。

5.6　实验六　计数器及其应用

5.6.1　实验目的

(1) 掌握中规模集成计数器的工作原理及功能测试方法。
(2) 用集成电路计数器构成任意进制计数器。

5.6.2　实验预习要求

(1) 复习计数器电路工作原理。
(2) 预习集成计数器 74LS161 的逻辑功能及使用方法。
(3) 预习集成计数器 74LS192 的逻辑功能及使用方法。
(4) 掌握实验中要求的设计题目的工作原理，完成设计草图。

5.6.3　实验仪器与器件

(1) 数字万用表：1 块；
(2) 数字电路实验板(插芯片及元器件用)：1 块；
(3)4 位二进制同步计数器：1 片；
(4) 同步十进制可逆计数器：2 片；
(5) 四二输入与门：1 片；
(6) 四二输入与非门：1 片。

5.6.4　实验原理

计数器器件是应用较广的器件之一。计数器对输入的时钟脉冲进行计数，来一个 *CP* 脉冲计数器状态变化一次。根据计数器计数循环长度 M,称之为模 M 计数器,也称为 M 进制计数器。计数器状态编码按二进制数的递增或递减规律来编码,对应地称之为加法计数器或减法计数器。

计数器是典型的时序逻辑电路,用它来累计和记忆输入脉冲的个数。计数是数字系统中很重要的基本操作,集成计数器是最广泛应用的逻辑部件之一。计数器种类较多,按构成计数器中的多触发器是否使用一个时钟脉冲源来分,有同步计数器和异步计数器;根据计数制的不同,可分为二进制计数器、十进制计数器和任意进制计数器;根据计数的增减趋势,又分为加法、减法和可逆计数器。

在数字集成产品中,通用的计数器是二进制和十进制计数器。按计数长度、有效时钟、控制信号、置位和复位信号的不同有不同的型号。

1. 四位二进制加法计数器 74LS161

74LS161 是集成 TTL 四位二进制加法计数器,其管脚图和逻辑符号分别如图 5.20 和图 5.21 所示,功能表见表 5.18。

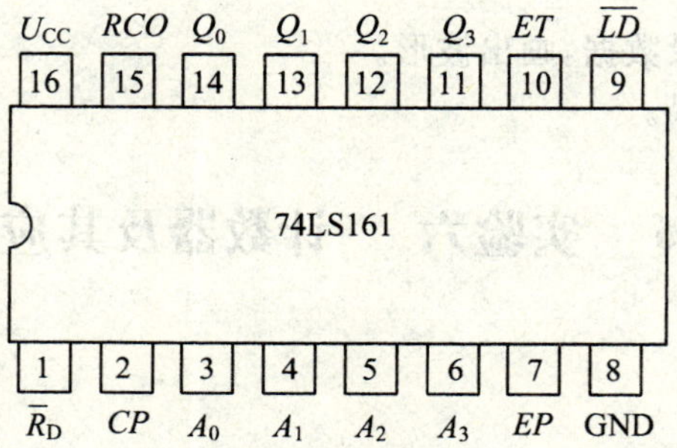

图 5.20　四位二进制计数器 74LS161 的管脚图

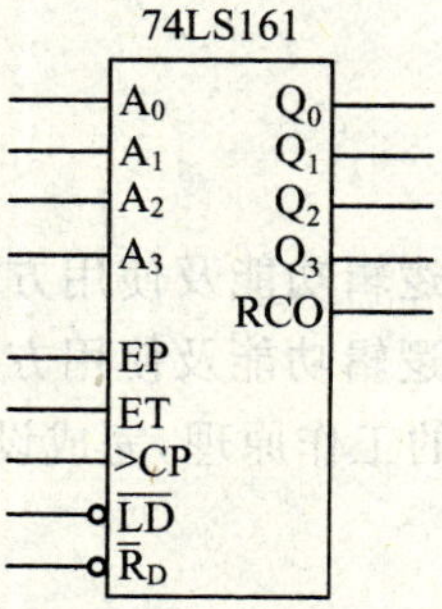

图 5.21　四位二进制计数器 74LS161 的逻辑符号

表 5.18　四位二进制计数器 74LS161 的功能表

输入									输出			
$\bar{R}_D$	CP	$\overline{LD}$	EP	ET	A_3	A_2	A_1	A_0	Q_3	Q_2	Q_1	Q_0
0	×	×	×	×			×		0	0	0	0
1	↑	0	×	×	d_3	d_2	d_1	d_0	d_3	d_2	d_1	d_0
1	↑	1	1	1			×			计数		
1	×	1	0	×			×			保持		
1	×	1	×	0			×			保持		

2. 同步十进制可逆计数器 74LS192

74LS192 是同步十进制可逆计数器，其符号和管脚图分别如图 5.22 和图 5.23 所示，功能表见表 5.19。

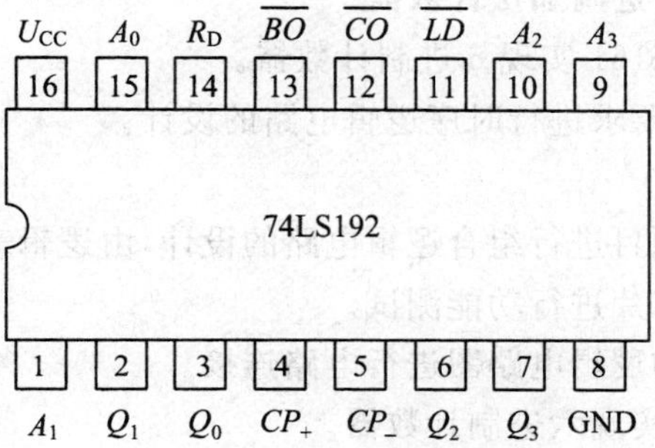

图 5.22　同步十进制计数器 74LS192 的管脚图

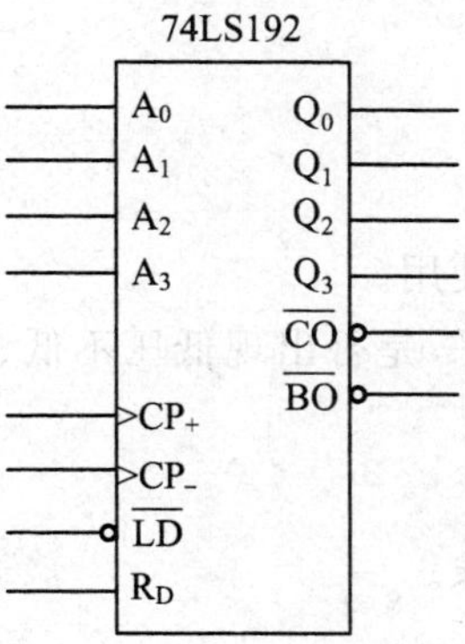

图 5.23　同步十进制计数器 74LS192 的逻辑符号

表 5.19　74LS192 的逻辑功能表

输入								输出			
R_D	$\overline{LD}$	CP_+	CP_-	A_3	A_2	A_1	A_0	Q_3	Q_2	Q_1	Q_0
0	0	×	×	d_3	d_2	d_1	d_0	d_3	d_2	d_1	d_0
0	1	↑	1	×	×	×	×		加法计数		
0	1	1	↑	×	×	×	×		减法计数		
0	1	1	1	×	×	×	×		保持		
1	×	×	×	×	×	×	×	0	0	0	0

5.6.5 实验内容

1. 测试 74LS161 计数器的逻辑功能

(1) 按照管脚图 5.20 接线，先接好电源和地：输入端和使能端均接逻辑电平，输出端接指示灯，改变输入端和使能端的状态，观察灯的亮灭变化。

(2) 对照状态表 5.18 逐一进行功能测试。

2. 测试 74LS192 计数器的逻辑功能

(1) 按照管脚图 5.22 接线，先接好电源和地：输入端和使能端均接逻辑电平，输出端接指示灯，改变输入端和使能端的状态，观察灯的亮灭变化。

(2) 对照状态表 5.19 逐一进行功能测试。

3. 用 74LS161 实现任意进制加法计数器

(1) 设计要求。用 74LS161 实现 6 进制计数器。

(2) 预习要求。由设计要求进行时序逻辑电路的设计。

(3) 实验步骤。

① 根据预习中所得对题目进行组合逻辑电路的设计，由逻辑表达式确定所需要的芯片。

② 对实验中要用到的芯片进行功能测试。

③ 根据预习中所得到的逻辑电路图进行电路连接。

④ 观察指示灯，看是否实现六进制计数器。

4. 参照上例用 74LS192 设计实现 7 天倒计时

5.6.6 实验注意事项

(1) 首先检查设计是否正确。

(2) 检查电路接线是否正确。

(3) 应正确理解使能端的正确使用。

(4) 用万用表检测各逻辑门电平，是否出现低压不低、高压不高的现象，导致电路逻辑功能出错。

(5) 实验开始系统是否清零。

(6) 测试脉冲电平是否满足要求。

5.6.7 实验思考题

(1) 用 2 片 74192 设计实现六十进制计数器。

(2) 用 2 片 74161 设计实现二十四进制计数器。

(3) 用 2 片 74192 设计实现一百进制可逆计数器。

5.6.8 实验报告要求

(1) 写出实验中所用到的芯片逻辑功能测试结果。

(2) 写出设计全过程。

(3) 对实验结果进行分析、讨论。

(4) 对实验中出现的故障及解决的方法进行总结。

5.7　实验七　移位寄存器及其应用

5.7.1　实验目的

(1) 掌握 4 位双向移位寄存器 74LS194 的逻辑功能及使用方法。

(2) 熟悉移位寄存器的应用 —— 构成序列检测器。

5.7.2　实验预习要求

(1) 复习寄存器及累加运算的有关内容。

(2) 了解 74LS194 的逻辑功能、移位寄存器构成环形计数器的方法。

(3) 掌握实验中要求的设计题目的工作原理，完成设计草图。

5.7.3　实验仪器与设备

(1) 数字万用表：1 块；

(2) 示波器：1 台；

(3) 数字电路实验板(插芯片及元器件用)：1 块；

(4)4 位双向移位寄存器：2 片；

(5)74 系列芯片：若干。

5.7.4　实验原理

移位寄存器按移位功能来分，可分为单向移位寄存器和双向移位寄存器两种，根据移位寄存器存取信息的方式不同分为串入串出、串入并出、并入串出和并入并出四种形式。本实验采用 4 位双向移位寄存器 74LS194。

双向移位寄存器 74LS194 引脚图及逻辑符号如图 5.24、5.25 所示，它有四个并行输入端 $D_0 \sim D_3$，还有两个模式控制输入端 S_1、S_0。它们的状态组合可以完成四种控制功能，其中左移和右移两项是指串行输入，数据是分别从左移输入端 D_{SL} 和右移输入端 D_{SR} 送入寄存器的，$\overline{R}_D$ 为异步清零输入端(表 5.20)。

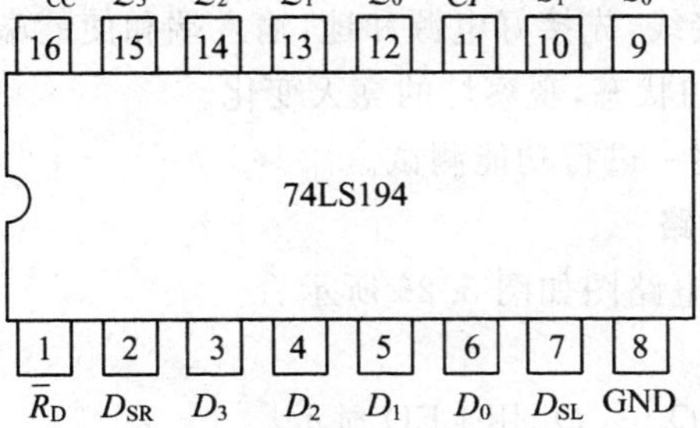

图 5.24　双向移位寄存器 74LS194 的管脚图

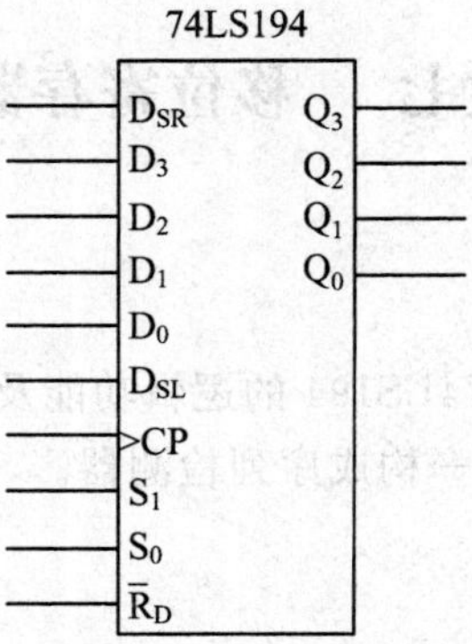

图 5.25　双向移位寄存器 74LS194 的逻辑符号

表 5.20　74LS194 型双向移位寄存器的功能表

输入										输出			
$\bar{R}_D$	CP	S_1	S_2	D_{SL}	D_{SR}	D_3	D_2	D_1	D_0	Q_3	Q_2	Q_1	Q_0
0	×	×	×	×	×	×				0	0	0	0
1	0	×	×	×	×	×				Q_{3n}	Q_{2n}	Q_{1n}	Q_{0n}
1	↑	1	1	×	×	d_3	d_2	d_1	d_0	d_3	d_2	d_1	d_0
1	↑	0	1	×	d	×				d	Q_{3n}	Q_{2n}	Q_{1n}
1	↑	1	0	d	×	×				Q_{2n}	Q_{1n}	Q_{0n}	d
1	×	0	0	×	×	×				Q_{3n}	Q_{2n}	Q_{1n}	Q_{0n}

其中，D_0、D_1、D_2、D_3 为并行输入端；Q_0、Q_1、Q_2、Q_3 为并行输出端；D_{SR} 为右移串行输入端；D_{SL} 为左移串行输入端；S_0、S_1 为操作模式控制端；$\bar{R}_D$ 为异步清零端；CP 为时钟脉冲输入端。

74LS194 有 5 种不同操作模式：即并行送数寄存、右移（方向为 $Q_0 \to Q_3$）、左移（方向为 $Q_3 \to Q_0$）、保持及清零。

5.7.5　实验内容

1. 测试 74LS194 的逻辑功能

(1) 按照管脚图 5.24 接线，先接好电源和地；输入端和使能端均接逻辑电平，输出端接指示灯，改变输入端和使能端的状态，观察灯的亮灭变化。

(2) 对照状态表 5.20 逐一进行功能测试。

2. 设计四路循环彩灯电路

(1) 四路循环彩灯参考电路图如图 5.26 所示。

(2) 实验步骤。

参照图 5.26 连接电路，$Q_0 \sim Q_3$ 用 LED 显示。

3. 用 2 片 74194 构成 8 位移位寄存器

(1)8 位双向移位寄存器参考电路图如图 5.27 所示。

(2) 实验步骤。

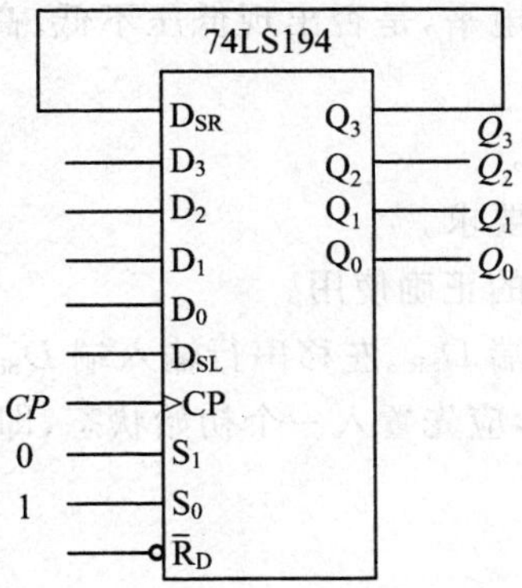

图 5.26　四路循环彩灯参考电路

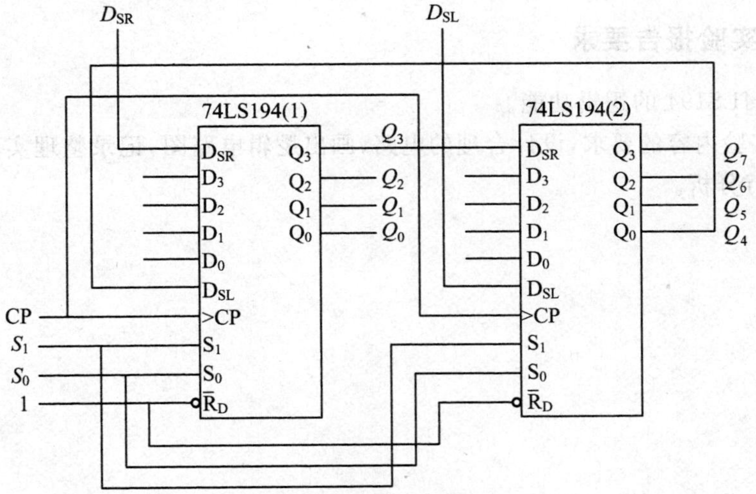

图 5.27　8 位双向移位寄存器参考电路

① 参照图 5.27 连接电路，$Q_0 \sim Q_7$ 用 LED 显示。

② 进行 8 位移位寄存器功能测试。

4. 用移位寄存器 74LS194 实现序列检测器

(1) 设计要求。用 74LS194 实现"1011"序列检测器，允许输入序列码重叠。

(2) 预习要求。由设计要求进行时序逻辑电路的设计。

(3) 实验步骤。

① 根据预习中所得对题目进行时序逻辑电路的设计，由逻辑表达式确定所需要的芯片。

② 对实验中要用到的芯片进行功能测试。

③ 根据预习中所得到的逻辑电路图进行电路连接。

④ 观察指示灯，看是否实现序列检测器。

5.7.6　实验注意事项

(1) 首先检查设计是否正确。

(2) 检查电路接线是否正确。

(3) 应正确理解使能端的正确使用。

(4) 用万用表检测各逻辑门电平,是否出现低压不低、高压不高的现象,导致电路逻辑功能出错。

(5) 实验开始系统是否清零。

(6) 测试脉冲电平是否满足要求。

(7) 操作模式控制端 S_0、S_1 的正确使用。

(8) 正确使用右移串行输入端 D_{SR}、左移串行输入端 D_{SL}。

(9) 环形计数器在工作之前,应先置入一个初始状态,即被循环的四位二进制数。

5.7.7 实验思考题

(1) 设计一个能够自启动的 4 位环形计数器。

(2) 设计一个模 8 的环形计数器。

5.7.8 实验报告要求

(1) 总结 74LS194 的逻辑功能。

(2) 根据实验内容的要求,设计合理的电路,画出逻辑电路图,记录整理实验现象及数据,对实验结果进行分析。

第6章　电工电子综合实验

6.1　实验一　三相异步电动机的顺序控制

6.1.1　实验目的和意义

(1) 通过各种不同顺序控制的实验,加深对一些特殊要求电机控制线路的了解。

(2) 进一步培养学生的动手能力和理解能力,使理论知识和实际操作有效地结合。

6.1.2　实验预习要求

(1) 复习三相异步电动机直接启动和正反转控制线路的工作原理,并理解短路保护、过载保护和零压保护的概念。

(2) 复习各种继电控制元件的工作原理。

(3) 根据实验原理中的2个实例,完成两台三相异步电动机的顺序控制电路的实验草图设计。

6.1.3　实验仪器与器件

(1) 数字万用表:1块;

(2) 三相鼠笼式异步电动机:2台;

(3) 交流接触器:2个;

(4) 按钮开关:4个;

(5) 热继电器:2个;

(6) 专用导线:若干。

6.1.4　实验原理

在实际生产中,经常会遇到几台电动机按顺序动作情况。本实验选取2个实例。

(1) 电动机 M_1 先启动,然后 M_2 才能启动,M_2 停止后,M_1 才能停止。

参考电路图如图6.1(a)所示。

当按下启动按钮 SB_{11} 时,接触器 KM_1 线圈得电,使电动机 M_1 启动,同时常开触点 KM_1 闭合。此时按下按钮 SB_{21} 时,接触器 KM_2 线圈得电,使电动机 M_2 启动。停止时,必须先按下停止按钮 SB_{22},使接触器 KM_2 线圈先断电,电动机 M_2 先停止,然后,再按下按钮 SB_{12},使电动机 M_1 停止;如果先按下按钮 SB_{12},由于此时接触器 KM_2 线圈仍带电,常开触点 KM_2 处于闭合状

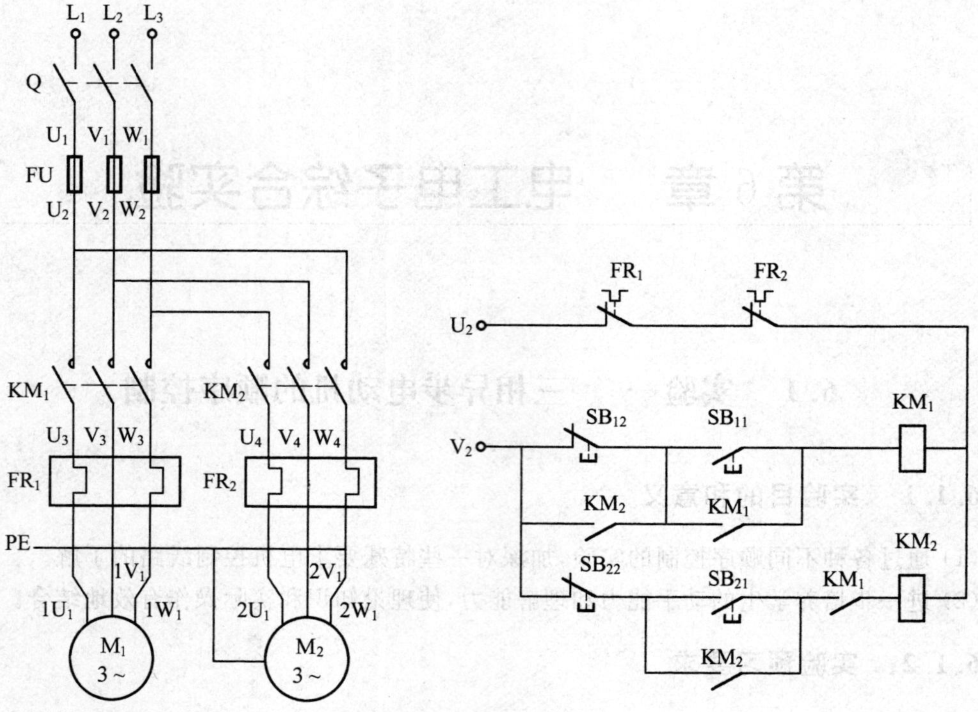

(a)

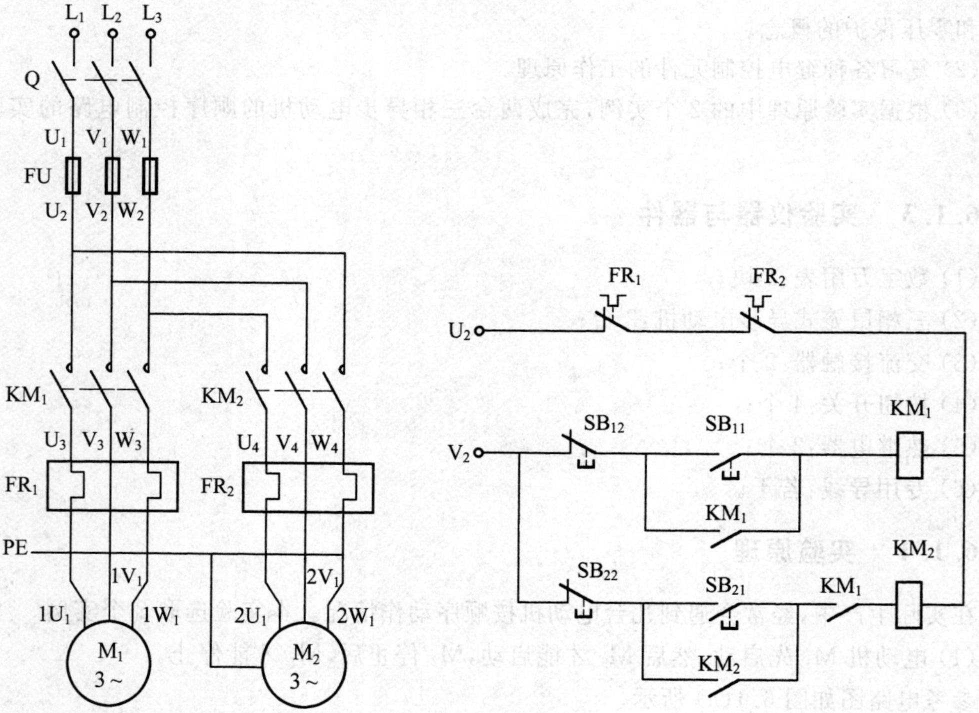

(b)

图 6.1　异步电动机顺序控制启动

态，锁住按钮 SB_{12}，使其不能切断接触器 KM_1 线圈所在的电路，电动机 M_1 无法停止。

(2) 电动机 M_1 先启动，然后 M_2 才能启动，M_1、M_2 可以单独停止。

参考电路如图 6.1(b) 所示。

当按下启动按钮 SB_{11} 时，接触器 KM_1 线圈得电，使电动机 M_1 启动，同时常开触点 KM_1 闭合。此时按下按钮 SB_{21} 时，接触器 KM_2 线圈得电，使电动机 M_2 启动。停止时，电动机 M_1 和电动机 M_2 可以分别停止，按钮 SB_{12} 控制电动机 M_1 的停止，SB_{22} 控制电动机 M_2 的停止。

6.1.5　实验内容

(1) 电动机 M_1 先启动，然后 M_2 才能启动，M_2 停止后，M_1 才能停止。

① 按图 6.1(a) 接线，经检查无误后，合上开关 Q 通电。按下启动按钮 SB_{11}，观察是否电动机 M_1 先启动，然后按下按钮 SB_{21}，观察电动机 M_2 启动情况。

② 按停止按钮 SB_{12}，观察 M_1 是否停止，然后再按下停止按钮 SB_{22}。观察电动机 M_2 是否停止。

③ 按下启动按钮 SB_{21}，观察电动机 M_2 是否启动。

④ 再次启动电动机 M_1 和 M_2，按下停止按钮 SB_{22}，观察电动机 M_2 能否停止，然后按下停止按钮 SB_{12}，观察电动机 M_1 能否停止。

(2) 电动机 M_1 先启动，然后 M_2 才能启动，M_1、M_2 可以单独停止。

① 按图 6.1(b) 接线，经检查无误后，合上开关 Q 通电。按下启动按钮 SB_{11}，观察是否电动机 M_1 先启动，然后按下按钮 SB_{21}，观察电动机 M_2 启动情况。

② 按停止按钮 SB_{12}，观察 M_1 是否停止，然后再按下停止按钮 SB_{22}，观察电动机 M_2 是否停止。

③ 按下启动按钮 SB_{21}，观察电动机 M_2 是否启动。

④ 再次启动电动机 M_1 和 M_2，按下停止按钮 SB_{22}，观察电动机 M_2 能否停止，然后按下停止按钮 SB_{12}，观察电动机 M_1 能否停止。

6.1.6　实验注意事项

(1) 每次调节星－三角的降压时，要摇开挂箱的面板，因此在调整时必须在断开三相电源后进行，不可带电操作。

(2) 接好线路必须经过严格检查，决不允许同时接通交流和直流两组电源，即不允许 KM_1，KM_2 同时得电。

6.1.7　实验思考题

(1) 什么是顺序控制电路？

(2) 举出两个电动机顺序控制的实际应用例子。

(3) 某生产机械采用两台电动机拖动，要求主电动机 M_1 启动后，经过 10 s 后，辅助电动机 M_2 自动启动，试画出电路原理图。

6.1.8　实验报告要求

(1) 整理实验数据，画出实验中的顺序控制电路的原理图。

(2) 画出顺序控制电路的实物接线图。

(3) 实验中的故障现象、排除情况及体会。

6.2 实验二 三相异步电动机的行程控制与时间控制

6.2.1 实验目的和意义

(1) 进一步熟悉交流接触器、按钮、热继电器、时间继电器和行程开关结构及其使用。

(2) 掌握用时间继电器、行程开关等组成时间控制和行程控制电路。

6.2.2 实验预习要求

(1) 复习三相异步电动机的工作原理,并理解短路保护、过载保护和零压保护的概念。

(2) 复习时间继电器、行程开关、时间控制电路的工作原理。

(3) 根据实验原理中的 2 个实例,设计三相异步电动机的时间控制电路和自动往返控制电路。

6.2.3 实验仪器与器件

(1) 万用表:1 块;

(2) 三相异步电动机:2 台;

(3) 行程控制实验板(自制、固定器件用):1 块;

(4) 时间控制实验板(自制、固定器件用):1 块;

(5) 专用导线:若干。

6.2.4 实验原理

1. 异步电动机时间控制

图 6.2 所示是实现电动机 M_1 启动后,经过若干时间,电动机 M_2 自行启动的控制线路。当按下启动按钮 SB_1 时,接触器 KM_1 线圈得电,使电动机 M_1 启动,同时时间继电器 KT 的线圈也得电。由于时间继电器 KT 有一定的整定时间,因此它的延时闭合的常开触头不会立即闭合,这时 M_2 仍不工作,待时间继电器的整定时间一到,其延时闭合的常开触头 KT 闭合,使接触器 KM_2 线圈得电,于是电动机 M_2 才自行启动起来。

2. 异步电动机自动往返控制电路

生产实际中,有时要求对电动机的行程进行控制,即行程控制。行程控制通常利用行程开关来实现。行程开关是一种利用推杆通过机械碰撞实现动作的开关电器,接于控制电路中以实现限位或往返控制。图 6.3 所示是利用行程开关自动控制电动机正、反转的控制电路。

行程控制开关上升:按下正转按钮,正转接触器通电,电动机正转,吊车上升,到顶点时,吊车撞行程开关,其触点断开,电动机停转不再上升,即使再按正转按钮,正转接触器也不会通电。

行程控制开关下降:按下反转按钮,反转接触器通电,电动机反转,吊车下降,到下端终点时,吊车撞行程开关,电动机停转不再下降。

图 6.3 中 ST_a,ST_b 是两个行程开关,它们分别安装在预先确定的两个位置上(即原位和终

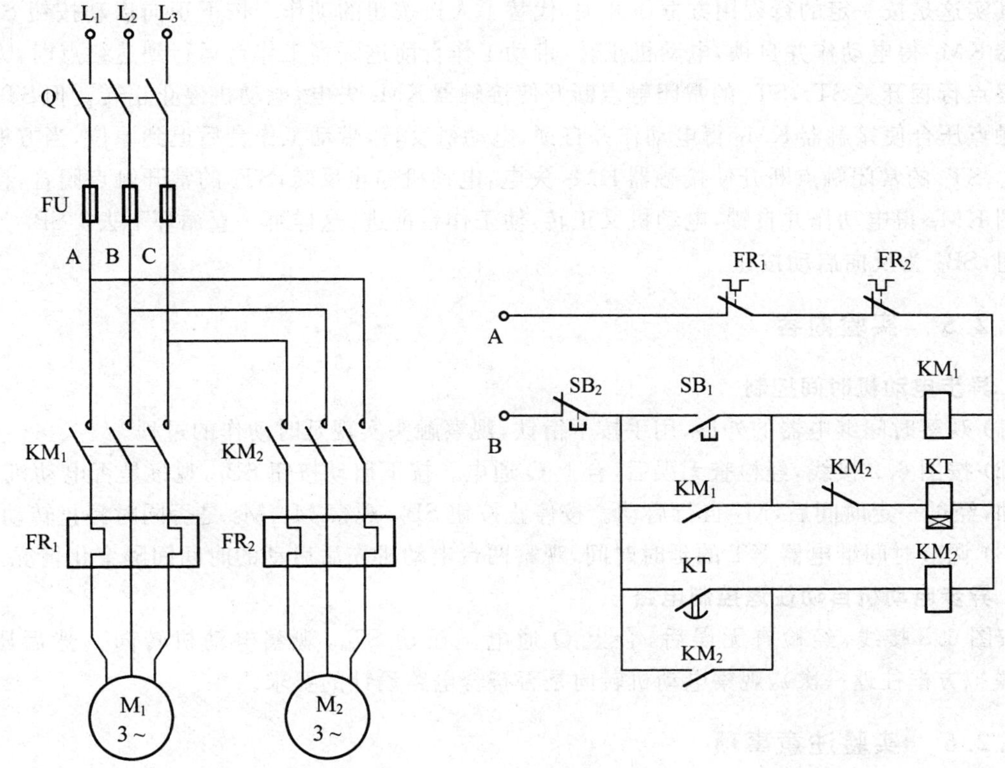

图 6.2　两台异步电动机时间控制启动电路图

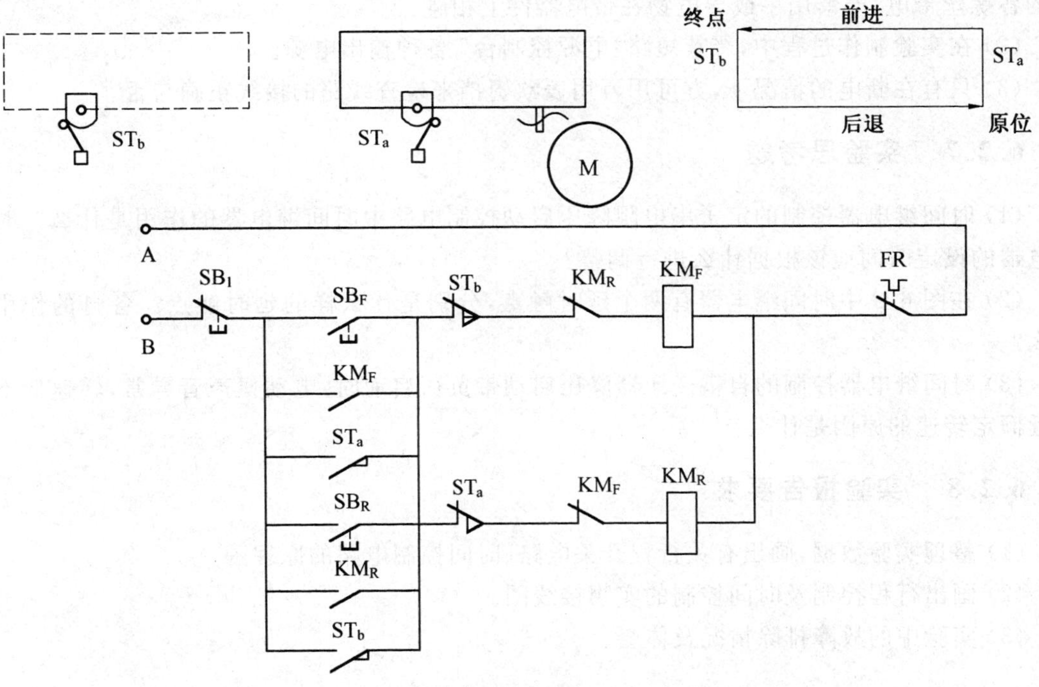

图 6.3　异步电动机自动往返控制电路

点)，由装在工作台上的方框来撞动。当方框压下行程开关时，其常开触点闭合，常闭触点断开。其实这是按一定的行程用方框压开关，代替了人按按钮的动作。按下正向启动按钮 SB_F，接触器 KM_F 得电动作并自锁，电动机正转，带动工作台前进。当工作台运行到达终点时，方框压合终点行程开关 ST_a，ST_b 的常闭触点断开使接触器 KM_F 失电，电动机停止正转。但 ST_b 的常开触点压合使接触器 KM_R 得电动作并自锁，电动机反转，带动工作台后退到原位，当方框压合 ST_a，ST_a 的常闭触点断开使接触器 KM_R 失电，电动机停止反转，ST_a 的常开触点闭合，接触器线圈 KM_F 得电动作并自锁，电动机又正转，使工作台前进，这样可一直循环下去。SB_1 为停止按钮，SB_R 为反向启动按钮。

6.2.5 实验内容

1. 异步电动机时间控制

(1) 观察时间继电器的外形，用手按下衔铁，观察触头实现延时动作的过程。

(2) 按图 6.2 接线，经检查无误后，合上 Q 通电。按下启动按钮 SB_1，观察是否电动机 M_1 先启动，经过一定时间后，M_2 自行启动。按停止按钮 SB_2，观察 M_1、M_2 是否同时停止转动。

(3) 调节时间继电器 KT 的延时时间，观察两台电动机先后启动的时间间隔变化情况。

2. 异步电动机自动往返控制电路

按图 6.3 接线，经检查无误后，合上 Q 通电。压动 ST_a，观察电动机转向。然后压动 ST_b（模拟方框往返一次），观察电动机转向是否符合电路设计的要求。

6.2.6 实验注意事项

(1) 使用时，手要干燥，电动机工作时，手不要触碰轴前段与后端叶片。通电后电气元件上的各螺丝带电，严禁用手或导电物在带电器件上相碰。

(2) 在实验制作过程中，严禁短路“电源控制台”各种输出电源。

(3) 只有在断电的情况下，方可用万用表欧姆挡来检查线路的接线正确与否。

6.2.7 实验思考题

(1) 时间继电器控制的定子串电阻降压启动控制电路中时间继电器的作用是什么？时间继电器的设定时间应该根据什么进行调整？

(2) 在图 6.2 中时间继电器有两个延时触点，分别是什么样的延时触点？各自的作用是什么？

(3) 时间继电器控制的自耦变压器降压启动带负荷启动时，电动机声音异常，转速低不能接近额定转速的原因是什么？

6.2.8 实验报告要求

(1) 整理实验数据，画出有关行程开关电路、时间控制电路的原理图。

(2) 画出行程控制及时间控制的实物接线图。

(3) 实验中的故障排除情况及体会。

6.3　实验三　晶体管放大电路设计

6.3.1　实验目的

(1) 根据技术指标要求设计单级放大电路，掌握单级放大电路的一般设计方法。

(2) 学习晶体管放大电路静态工作点的设置与调整方法，掌握放大电路基本性能指标的测试方法。

(3) 研究电路参数变化对放大电路性能的影响，掌握电子电路的安装及调试技术。

6.3.2　实验预习要求

(1) 复习晶体管放大电路的静态分析和动态分析方法。

(2) 预习根据技术指标要求设计单级放大电路，掌握单级放大电路的一般设计方法。

(3) 根据已知条件和性能指标的要求，设计电路，画出实验电路图，并确定电路所有元件的参数。

6.3.3　实验仪器与器件

(1) 数字万用表:1 块；

(2) 交流毫伏表:1 台；

(3) 函数信号发生器:1 台；

(4) 双踪示波器:1 台；

(5) 三极管、电阻、电容等元器件:若干。

6.3.4　实验原理

1. 单级放大器基本原理

晶体管阻容耦合共射极放大电路如图 6.4 所示，它采用的是分压式电流负反馈电路，静态工作点 Q 主要由 R_{B1}、R_{B2}、R_E、R_C 及电源电压 U_{CC} 决定，该电路利用 R_{B1} 和 R_{B2} 组成分压器固定基极电位，通过直流负反馈作用，能自动获得稳定的静态工作点。

2. 单级放大器的设计原则与参数计算方法

(1) 选择电路形式及晶体管。

要求工作点稳定，因此选择阻容耦合分压式电流负反馈放大电路。根据放大电路的频率特性，选择合适的晶体管。

(2) 电源电压 U_{CC}。

电源电压 U_{CC} 既要满足输出幅度、工作点稳定的要求，又不要选得太高，以免对电源设备和晶体管的耐压提出过高而又不必要的要求。(为留有一定余地，U_{om} 按 3.5 V 设计)

$$U_{CC} = U_{CEQ} + I_{CQ}(R_C + R_E) \tag{6.1}$$

$$U_{CEQ} = U_{om} + U_{CES} \tag{6.2}$$

硅管 $U_{CES} < 1$ V，本式取 $U_{CES} = 1$ V。

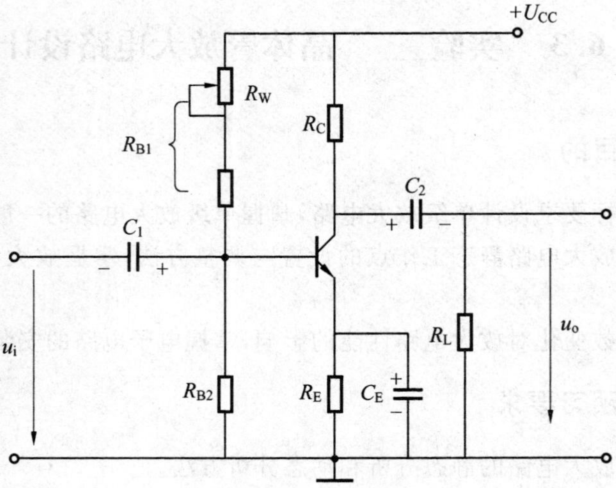

图 6.4　阻容耦合共射极放大电路

(3) 元器件参数计算。

① 集电极电阻 R_C。计算 R_C 的原则有 2 个，一是满足放大倍数要求，二是不能产生饱和失真。设计要求 $A_u > 70$，考虑留有一定余地，按 $A_u = 80$ 设计。所求的 R_C 是否可用，要通过对静态工作点的验证加以判定，一般使

$$U_{CEQ} > U_{om} + 1 \tag{6.3}$$

② 射极电阻 R_E、基极偏置电阻 R_{B1} 和 R_{B2}。根据工作点稳定条件，当选硅管时，$U_B = 3 \sim 5$ V，这里选 $U_B = 3$ V，$U_E = U_B - 0.7 = 2.3$ V。由 I_E 算得 R_E。根据电源电压 U_{CC}，确定基极偏置电阻 R_{B1} 和 R_{B2}（在调试过程中，通常都是通过调节 R_{B1} 来改变静态工作点，所以 R_{B1} 可用100 kΩ 电位器与固定电阻 10 kΩ 串联）。

③ 电容 C_1、C_2、C_E。C_1、C_2、C_E 可根据 f_L 计算近似取得，计算结果应该选取标称值。

3. 性能指标与测试方法

(1) 静态工作点。

在测量静态工作点时，接通直流电源，放大电路不加输入信号，并将输入端即耦合电容 C_1 左端接地，用万用表测量晶体管的 B、E、C 极对地的电压 U_B、U_E、U_C。正常情况下，U_{CE} 应为正几伏，说明晶体管工作在放大状态。在放大电路输入端加输入信号，如 $U_i = 10$ mV，$f = 1$ kHz 的正弦波。如果输出电压波形顶部被压缩，则说明静态工作点偏低，应增大 I_B，可减少 R_{B1} 的值；如果输出波形下半周被压缩，则说明静态工作点偏高，应减小 I_B，可以通过增大 R_{B1} 的值来实现；如果逐渐增大输入信号时，输出波形的顶部和底部差不多同时失真，则说明静态工作点设置得较为合适。这时可以去掉输入信号，分别测量放大电路的静态工作点 U_B、U_E、U_C，再计算 I_C。

(2) 电压放大倍数 A_u。

电压放大倍数的测量实质上是测量放大电路的输入电压 U_i 与输出电压 U_o。

$$A_u = \frac{U_o}{U_i} = -\frac{\beta R'_L}{r_{be}} \tag{6.4}$$

其中

$$R'_L = R_C \,//\, R_L \tag{6.5}$$

$$r_{be}=200+(1+\beta)\frac{26\ \text{mV}}{I_E\ \text{mA}} \tag{6.6}$$

(3) 最大不失真输出电压 U_{omax}。

U_{omax} 是放大器所能输出的最大不失真输出电压值。在测量电压放大倍数的基础上，逐渐增加输入信号幅值，同时观察输出波形，当输出波形刚出现失真时的输出电压 U_o 即为 U_{omax}。

(4) 输入电阻 R_i。

输入电阻 R_i 是从放大电路输入端看进去的等效电阻，定义为输入电压有效值 U_i 和输入电流有效值 I_i 之比。输入电阻反映了放大器本身消耗输入信号源功率的大小。若 $R_i \gg R_s$（信号源内阻），则放大器从信号源获取较大电压；若 $R_i \ll R_s$，则放大器从信号源吸取较大电流；若 $R_i=R_s$，则放大器从信号源获取最大功率。测量放大器的输入电阻有两种方法。

① 输入换算法。原理如图 6.5(a) 所示，在信号源输出与放大器输入端之间，串联一个已知电阻 R（一般选择 R 的值接近 R_i 值）。在输出波形不失真情况下，用交流毫伏表测量 U_s 及相应的 U_i 值，则

$$R_i=\frac{U_i}{I_i}=\frac{U_i}{U_R/R}=\frac{U_i}{U_s-U_i}R \tag{6.7}$$

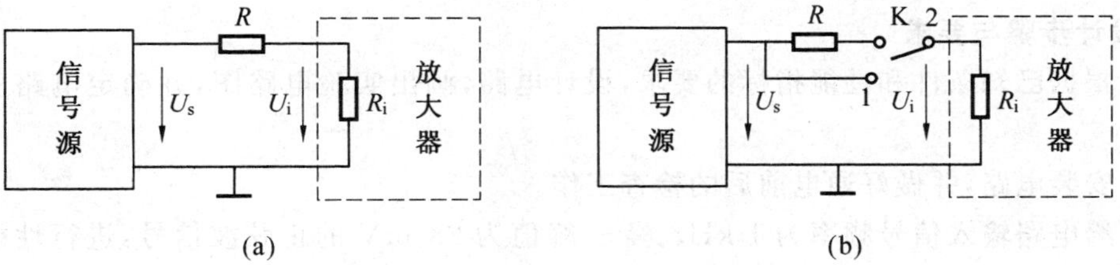

图 6.5　输入电阻测量电路

② 输出换算法。当被测电路为高输入阻抗时，采用这种方法。原理如图 6.5(b) 所示，接入输入信号，当开关 K 置 1，在输出波形不失真的条件下，测量输出电压 U_{o1}，再将开关置于 2，接入已知电阻 R（一般选择 R 的值接近 R_i 值），测量输出电压 U_{o2}（测量时要保持 U_s 不变），则

$$R_i=\frac{U_{o2}}{U_{o1}-U_{o2}}R \tag{6.8}$$

(5) 输出电阻 R_o。

从放大电路输出端看进去的等效内阻称为输出电阻 R_o。R_o 的大小反映了放大器带负载的能力，R_o 越小，带负载能力越强。当 $R_o \ll R_L$ 时，放大器可等效成一个恒压源。

① 换算法。如图 6.6 所示，在输出波形不失真的条件下，首先测量 R_L 未接入时，放大器空载时的输出电压 U_o，然后在保持输入电压不变的情况下，接入 R_L 测量放大器的负载电压 U_{oL}，则

$$R_o=\left(\frac{U_o}{U_{oL}}-1\right)R_L \tag{6.9}$$

② 电压电流变化法。在有源二端口网络的输出端串一负载电阻，改变负载阻值的大小，可测得输出电压、电流的变化量，则输出电阻为

$$R_o=\frac{\Delta U_o}{\Delta I_o}=\left|\frac{U_{o1}-U_{o2}}{I_{o1}-I_{o2}}\right| \tag{6.10}$$

③ 替代法。原理如图 6.6 所示，接入输入信号，首先将 R_L 开路，测得输出电压 U_o，然后接

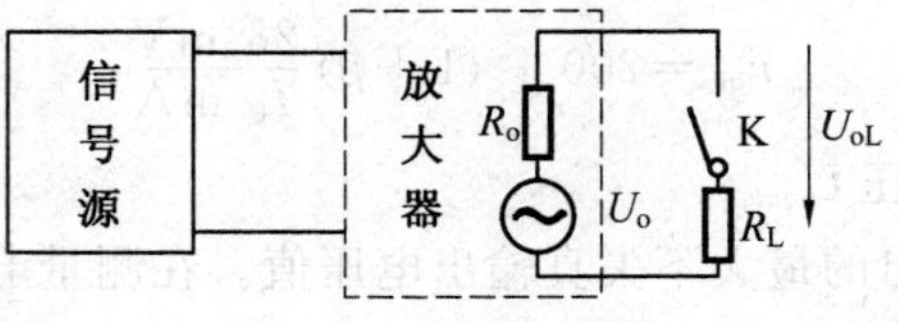

图 6.6　输出电阻测量电路

一电位器 R_P，调节电位器，使输出 $U'_o = \frac{U_o}{2}$，这时电位器的阻值就是输出电阻的值。

如果电路的性能指标达不到设计要求，应通过实验调整、修改电路参数，使之满足各项指标要求。经调整后的元件参数值，可能与设计计算的值有一定的差别。

6.3.5　实验内容

1. 设计课题

设计一单级放大电路，已知条件：信号频率 $f_0 = 1$ kHz，负载电阻 $R_L = 3$ kΩ，信号源内阻 $R_s = 600$ Ω。性能指标要求：工作点稳定，$A_u > 70$，$R_i > 1$ kΩ，$R_o < 3$ kΩ，$f_L < 100$ Hz，$f_H >$ 100 kHz，输出电压 $U_{om} \geqslant 2.5$ V(峰值)。

2. 设计步骤与要求

(1) 根据已知条件和性能指标的要求，设计电路，画出实验电路图，并确定电路所有元件的参数。

(2) 安装电路，并做好通电前后的检查工作。

(3) 给电路输入信号频率为 1 kHz、峰－峰值为 28 mV 的正弦波信号，进行性能指标测试，调整、修改元件参数值，使其满足放大器性能指标的要求，将修改后的元件参数值标在设计的电路图上。

6.3.6　注意事项

(1) 在安装电路前，要先检查元器件参数。

(2) 在模拟电路实验箱上插接元器件组装电路时，应尽量按照电路的形式与顺序布线，要求做到元器件排列整齐，密度均匀，不互相重叠，连线尽量做到短和直，避免交叉。

(3) 安装完毕后，应对照电路图仔细检查看是否有错接、漏接和虚接现象，并用万用表检查底板上电源正负极之间有无短路现象，若有，应迅速排除故障，否则不能通电进行性能测试。

(4) 电路安装经检查确定无误后，即可把经过准确测量的电源电压接入电路，此时不要急于测量数据，应首先观察电路有无异常现象，如有无冒烟、有无异常气味、元件器件是否发烫、电源输出有无短路现象等。如果有异常现象，应立即切断电源，检查电路，排除故障，待故障排除后方可重新通电测试。

6.3.7　实验思考题

(1) 分别增大或减小电阻 R_{B1}、R_{B2}、R_C、R_L 及电源电压，观察其对放大器的静态工作点 Q 及电压放大倍数有何影响？为什么？

(2) 调整静态工作点时，R_{B1} 一定要用一固定电阻与电位器串联，而不直接用电位器，为什么？

(3) 加大输入信号时，输出波形可能会出现哪几种失真？分别是什么原因引起的？

6.3.8　实验报告要求

(1) 画出完整系统设计电路图，计算出各元器件参数，写出设计过程。

(2) 完成放大电路各项性能指标的测试。

(3) 记录实验中的故障排除情况及体会。

6.4　实验四　温度监测及控制电路设计

6.4.1　实验目的和意义

(1) 学习由双臂电桥和差动输入集成运放组成的桥式放大电路。

(2) 掌握滞回比较器的性能和调试方法。

6.4.2　实验预习要求

(1) 预习测温电桥、差动放大电路、滞回比较器三部分的工作原理。

(2) 设计一个温度测量控制电路。

6.4.3　实验仪器与器件

(1) 数字万用表：1 块；

(2) 交流毫伏表：1 台；

(3) 万用表：1 块；

(4) 双踪示波器：1 台；

(5) 函数信号发生器：1 台；

(6) 热敏电阻、运算放大器 μA741、电阻器、三极管：若干。

6.4.4　实验原理

设计参考电路如图 6.7 所示。

系统由测温电桥、差动放大电路、滞回比较器三部分构成。测温电桥输出经测量放大器放大后输入滞回比较器，与设定电压值进行比较，输出“加热”与“停止”信号，经三极管控制加热器“加热”与“停止”。改变滞回比较器的比较电压 U_R 即改变控温的范围，而控温的精度则由滞回比较器的滞回宽度确定。

1. 测温电桥

由 R_1、R_2+R_{w1}、R_3、及 R_t 组成测温电桥。R_t 是温度传感器，其呈现出的阻值与温度成线性变化关系且具有负温度系数，而温度系数又与流过它的工作电流有关。为了稳定 R_t 的工作电流，达到稳定其温度系数的目的，设置了稳压二极管。R_{w1} 用于调节测温电桥的平衡。

2. 差动放大电路

由 A_1 及外围电路组成差动放大电路，将测温电桥输出电压按比例放大。其输出电压为

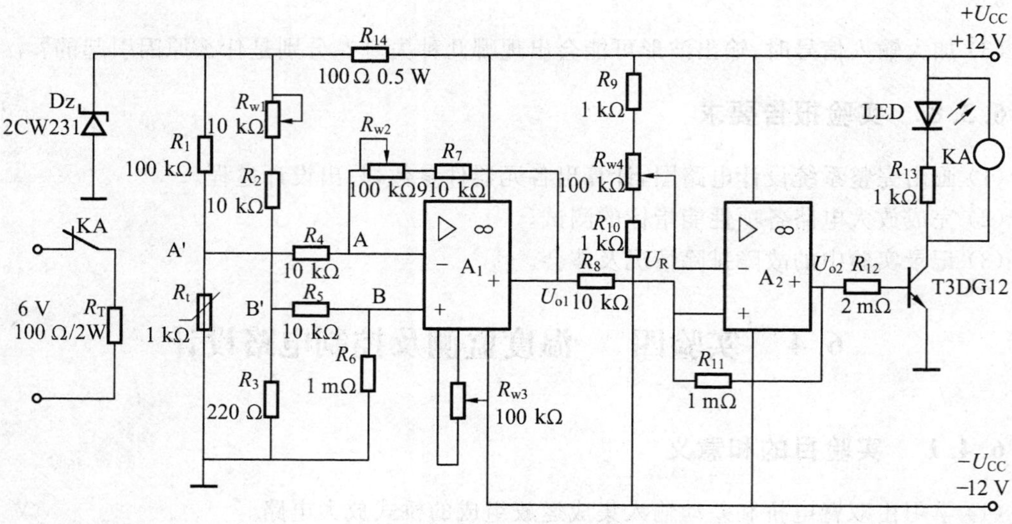

图 6.7　温度监测及控制电路

$$U_{o1} = -\left(\frac{R_7 + R_{w2}}{R_4}\right)U_A + \left(\frac{R_4 + R_7 + R_{w2}}{R_4}\right)\left(\frac{R_6}{R_5 + R_6}\right)U_B \tag{6.11}$$

当 $R_4 = R_5$，$R_7 + R_{w2} = R_6$ 时，

$$U_{o1} = \frac{R_7 + R_{w2}}{R_4}(U_B - U_A) \tag{6.12}$$

差动放大电路的输出电压 U_{o1}，取决于两个输入电压之差和外部电阻的比值。R_{w3} 用于差动放大器调零。

3. 滞回比较器

差动放大器输出电压 U_{o1} 经分压后输入到 A_2 组成的滞回比较器，与反相输入端的参考电压 U_R 相比较。当同相输入端的电压信号大于反相输入端的电压时，A_2 输出正饱和电压，三极管 T 饱和导通，发光二极管 LED 点亮。反之，当同相输入信号小于反相输入端电压时，A_2 输出负饱和电压，三极管 T 截止，LED 熄灭。调节 R_{w4} 可改变参考电平，同时调节了上下门限电平，从而达到设定温度的目的。

6.4.5　实验内容

1. 设计课题

(1) 参考图 6.7，设计一个温度测量控制电路。测温电桥采用热敏电阻，温度控制结果通过发光二极管指示。

(2) 根据电路测量比较器的上下门限电压和温度控制范围。

2. 设计步骤与要求

(1) 差动放大器。

A、B 点与 A′、B′ 点暂不连通，由 A_1 及外围电路组成差动放大电路，输出结果 U_{o1}。

① 运放调零。将 A、B 两端对地短接，调节 R_{w3} 使 $U_{o1} = 0$。

② 去掉 A、B端对地短路线。A、B端分别加入不同的两个直流电平，测得此时 U_{o1} 的值，检查差动放大电路工作是否正常。注意输入电压不能太大，以免放大器输出进入饱和区。

③ 将B点对地短路，把频率为100 Hz、有效值为10 mV的正弦波加入A点。用示波器观察输出波形。在输出波形不失真的情况下，用交流毫伏表测出U_i和U_{o1}的电压。算得此差动放大电路的电压放大倍数A_u。

(2) 桥式测温放大电路。

将差动放大电路的A、B点端与测温电桥A′、B′端相连，构成一个桥式测温放大电路。

① 在室温下使电桥平衡。调节R_{w1}，使差动放大器输出$U_{o1}=0$，同时需注意，前面实验中调好的R_{w3}不能再动。

② 温度系数K(V/C)。由于测温需升温槽，为使实验简易，可虚设室温T及输出电压U_{o1}，温度系数K也定为一个常数，$K=\frac{\Delta U}{\Delta T}$。具体参数由实验者自行填入表格内。

表 6.1　温度－电压关系

温度 /℃					
输出电压 U_{o1}/V					

③ 桥式测温放大器的温度－电压关系曲线。根据前面测温放大器的温度系数K，可画出测温放大器的温度－电压关系曲线，实验时要标注相关的温度和电压的值，如图6.8所示。从图中可求得在其他温度时，放大器实际应输出的电压值。也可得到在当前室温时，U_{o1}实际对应值U_s。

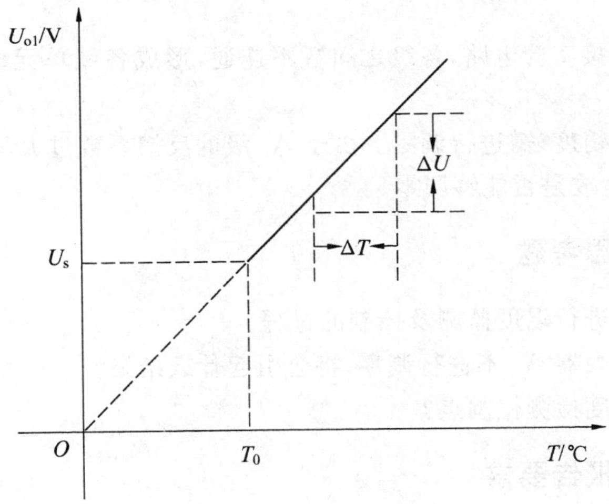

图 6.8　温度－电压关系曲线

④ 重调R_{w1}使测温放大器在当前室温下输出U_s。即调R_{w1}使$U_{o1}=U_s$。

(3) 滞回比较器。

由A_2及外围电路组成滞回比较器。

① 直流法测试比较器的上下门限电平。首先确定参考电平U_R值。调节R_{w4}，使$U_R=2$ V。然后将可变的直流电压U_i加入比较器的输入端。比较器的输出电压U_o接示波器，改变直流输入电压U_i的大小，从示波器屏幕上观察到当U_o跳变时所对应的U_i值，即为上、下门限电平。

② 交流法测试电压传输特性曲线。将频率为100 Hz、峰－峰值为6 V的正弦信号加入比较器输入端，同时送入示波器的x轴输入端，作为X轴扫描信号。比较器的输出信号送入示波器的Y轴输入端。微调正弦信号的大小，可从示波器显示屏上得到完整的电压传输特性曲线。

(4) 温度检测控制电路整体连接实验。

① 按图6.7连接各级电路。注意可调元件不能随意变动。如有变动，须重新进行前面(1)、(2)、(3)步的内容。

② 根据所需检测报警的温度T，从测温放大器温度－电压关系曲线中确定对应的U_{o1}值。

③ 调节R_{w4}，使参考电压$U'_R = U_R = U_{o1}$。

④ 用加热器使热敏电阻升温，观察温升情况，直至报警电路报警，即LED发光，记下动作时对应的温度值t_1和U_{o11}的值。

⑤ 用自然降温法使热敏电阻降温，记下电路解除报警时所对应的温度值t_2和U_{o12}的值。

⑥ 根据t_1和t_2值，可得到检测灵敏度$t_0 = t_2 - t_1$，改变控制温度T，重做②、③、④、⑤内容。

6.4.6 实验注意事项

(1) 实验中的加热装置可用一个100 Ω/2 W的电阻R_T模拟，将此电阻靠近R_t，使其温度升高。

(2) 按图6.8连接实验电路，各级之间暂不连通，形成各级单元电路，各单元分别进行调试，再进行整体实验。

(3) 为提高运放精度，需进行调零。由于A_1级的反馈系数过大，如出现不能调零的情况，可将R_F短路，观察运放是否能够调零。

6.4.7 实验思考题

(1) 分析图6.7进行温度监测及控制的过程。

(2) 如果运算放大器A_1不进行调零，将会引起什么结果？

(3) 如何设定温度检测控制点？

6.4.8 实验报告要求

(1) 画出实验电路，写出设计过程，整理实验数据。

(2) 用方格纸画出测温放大电路温度系数曲线及比较器电压传输特性曲线。

(3) 记录实验中的故障排除情况及体会。

6.5 实验五 基于8038的函数信号发生器的设计

6.5.1 实验目的

(1) 掌握函数信号发生器的主要性能和基本测试方法。

(2) 学会函数信号发生器的设计和调试方法。

6.5.2　实验预习要求

(1) 复习函数信号发生器的工作原理。

(2) 按照要求设计函数信号发生器,完成草图设计。

6.5.3　实验仪器与器件

(1) 数字万用表:1 块;

(2) 示波器:1 台;

(3) 频率计:1 台;

(4)ICL8038 芯片、LM324 集成运放芯片、电阻、电位器、电容:若干。

6.5.4　实验原理

函数信号发生器是指能产生正弦波、方波和三角波等电压波形的电路或仪器。可以使用分立器件(集成运放、电阻、电容) 等构成,也可以采用单片函数发生器模块(如 ICL8038) 加一些外围元件构成。

1. 基于 LM324 构成信号发生器

本设计首先产生正弦波,然后通过电压比较器电路将正弦波变换成方波,再由积分电路将方波变换成三角波。

(1) 设计原理图。

正弦波 － 方波 － 三角波函数信号发生器电路原理如图 6.9 所示。

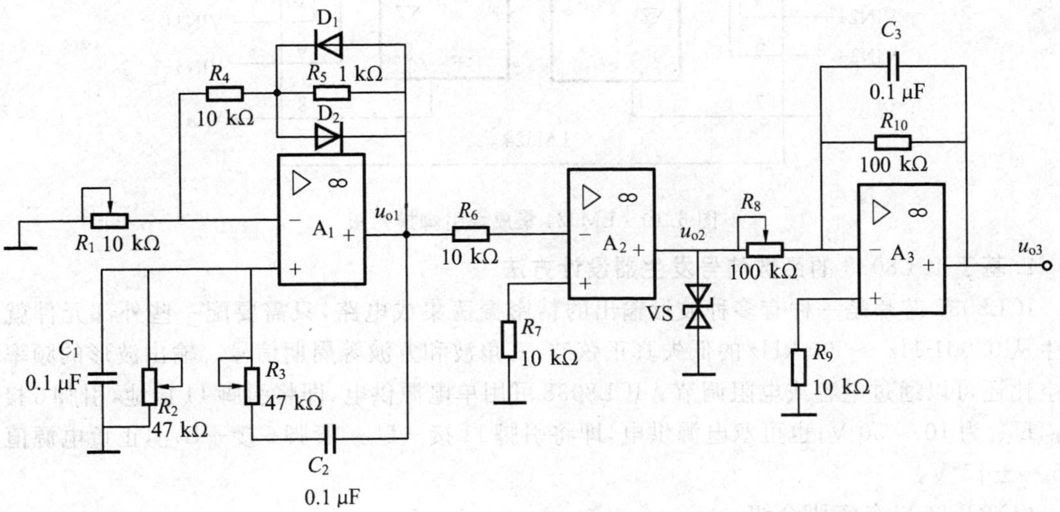

图 6.9　函数信号发生器电路原理图

(2) 正弦波 － 方波 － 三角波发生电路。

RC 桥式正弦振荡电路,通过调节 R_1 电位器,使电路产生振荡,再调节 R_2 和 R_3 时,改变电路的振荡频率。当 $R_2 = R_3 = R, C_1 = C_2 = C$ 时,RC 正弦波振荡电路的振荡频率为

$$f=\frac{1}{2\pi\sqrt{RC}} \tag{6.13}$$

R_2 和 R_3 在变化时应尽量保持相等，这样在调节过程中，不会影响反馈系数和相角，电路不会停振，也不会使输出幅度改变。桥式正弦振荡电路产生的正弦波 u_{o1}，经过零比较器后，输出为方波 u_{o2}。为了将输出电压限制在特定值，在运算放大器 A_2 的输出端 u_{o2} 与“地”之间跨接一个双向稳压二极管 VS，做双向限幅用。稳压二极管的稳定电压为 6 V，这样输出电压 u_{o2} 被限制在 +6 V 或 −6 V。

运算放大器 A_3 和外围电路组成积分电路，方波 u_{o2} 经过积分电路后输出为三角波。积分时间常数为 R_8C_3，调节电位器 R_8，改变积分时间常数，从而改变三角波 u_{o3} 的峰－峰值。在积分电容上并联一个电阻 R_{10}，目的是防止电路的低频电压增益过大。

A_1、A_2、A_3 可采用 LM324 集成运算放大器，LM324 内集成了 4 组运算放大器，正电源或正负双电源工作。电源电压范围宽，正电源为 +3 ～+30 V，正负电源为 ±1.5 ～±15 V。本设计中正负电源可以选择为 ±12 V。LM324 集成块引脚排列如图 6.10 所示。

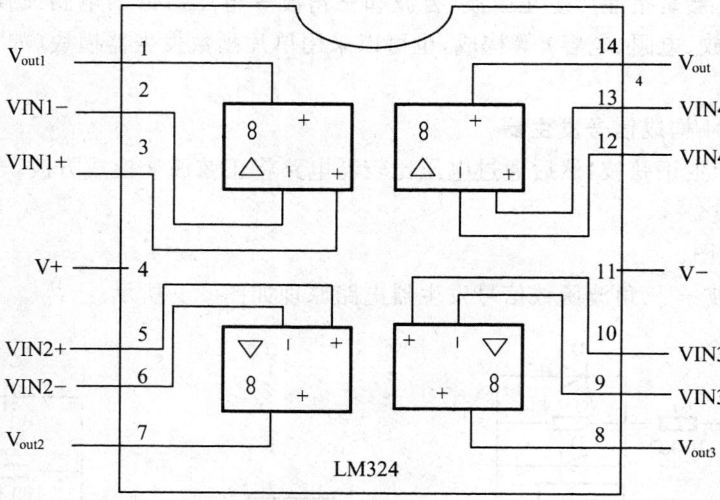

图 6.10　LM324 集成块引脚排列图

2. 基于 ICL8038 的函数信号发生器设计方法

ICL8038 芯片是一种有多种波形输出的精密振荡集成电路，只需要配一些外部元件就能产生从 0.001 Hz ～ 300 kHz 的低失真正弦波、三角波和方波等周期信号。输出波形的频率和占空比还可以通过电容或电阻调节。ICL8038 可用单电源供电，即将引脚 11 接地，引脚 6 接 $+U_{CC}$，U_{CC} 为 10 ～ 30 V；也可双电源供电，即将引脚 11 接 $-U_{EE}$，管脚 6 接 $+U_{CC}$，正负电源值为 ±5 ～±15 V。

(1)ICL8038 各管脚介绍。

ICL8038 采用 DIP－14 封装。图 6.11 所示为 ICL8038 的引脚图，其中引脚 8 为频率调节(简称调频) 电压输入端，电路的振荡频率与调频电压成正比。引脚 7 输出调频偏置电压，数值是引脚 7 与电源 $+U_{CC}$ 之差，它可作为引脚 8 的输入电压。引脚 4 和引脚 5 外接电阻和电位器，进行恒流源调节，用以改变输出信号的占空比和频率；脚 10 外接振荡电容，改变其容值则改变了充放电时间常数；引脚 13 和引脚 14 为空脚。

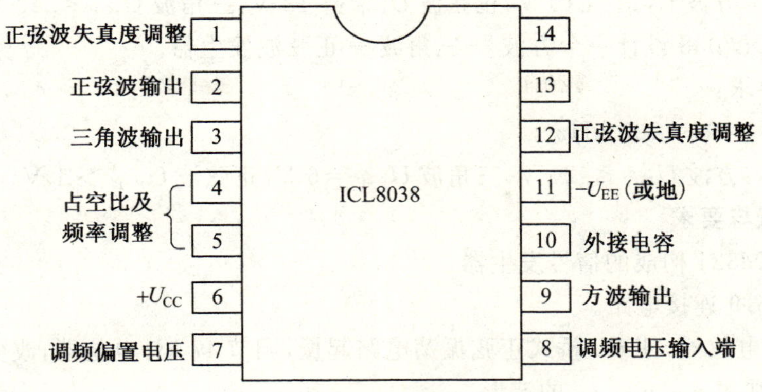

图 6.11 ICL8038 的引脚图

(2) 设计参考电路。

基于 ICL8038 的函数信号发生器原理图如图 6.12 所示。u_2、u_3、u_9 分别输出正弦波、三角波和方波。方波输出幅度等于电源电压,三角波输出幅度等于 0.33 倍电源电压,正弦波输出幅度等于 0.22 倍电源电压。调节电位器 R_{W1} 可以改变方波的占空比,调节电位器 R_{W2} 可以改变输出信号的频率,调节两个 100 kΩ 的电位器可以改变正弦波信号的失真度,最小可以将失真度减小到 0.5%,需反复调整才可。改变充放电电容 C 的容量也可以改变输出信号的频率,在引脚 7 和引脚 8 短接、$R_A=R_B=R$ 时,占空比为 50%,充放电频率 $f=0.33/RC$。ICL8038 的输出端可接由运算放大器构成的比例放大器,放大器输入端通过开关切换 ICL8038 的不同输出引脚,实现不同输出信号的增益调整。

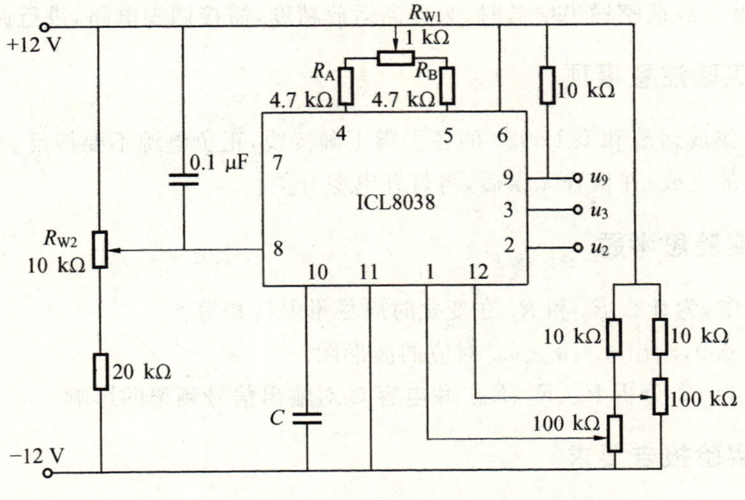

图 6.12 基于 ICL8038 的函数信号发生器原理图

6.5.5 实验内容

1. 设计指标

(1) 采用 LM324 设计一个方波－三角波－正弦波发生器。

性能指标要求:

频率范围 100 Hz ~ 1 kHz

输出电压　方波 $U_{P-P} > 10$ V，正弦波 $U_{P-P} > 12$ V，三角波 $U_{P-P} \leqslant 10$ V

(2) 基于 ICL8038 设计一个方波－三角波－正弦波发生器。

性能指标要求：

频率范围　100～100 kHz

输出电压　方波 $U_{P-P} \leqslant 24$ V，三角波 $U_{P-P} = 6$ V，正弦波 $U_{P-P} > 1$ V

2. 设计步骤与要求

(1) 基于 LM324 构成的信号发生器。

① 参考图 6.9 连接电路。

② 调节 R_1 电位器，使 RC 桥式正弦振荡电路起振，调节 47 kΩ 电位器，改变输出波形的频率，利用示波器观察 u_{o1}、u_{o2}、u_{o3} 的波形。

③ 调节 R_8 电位器，改变积分电路时间常数，调节三角波峰－峰值。

(2) 基于 ICL8038 构成的信号发生器。

① 参考图 6.12 连线，电源可选 ±12 V，根据设计要求充放电电容 C 可分四挡，如 100 pF、0.01 μF、0.1 μF、10 μF 等，电路中可连接开关，用于不同频率切换。

②ICL8038 的输出端自行设计比例放大器，实现不同输出信号的增益调整。

③ 用示波器观察方波、三角波、正弦波的输出波形，不理想时调整相应电位器。

注意　调节正弦波的失真度时，应先调节 R_{W1} 使输出的锯齿波为正三角波，再反复调节两个 100 kΩ 的电位器改变正弦波信号的失真度。

④ 改变电容 C 的容量，用示波器或频率计观察输出信号频率，调整电位器 R_{W2} 校正输出信号的频率。

⑤ 输出端接运放调整输出增益时，为提高运放精度，需接调零电路，进行调零。

6.5.6　实验注意事项

(1)LM324 集成运放和 ICL8038 的各引脚正确接线，正负电源不要接反。

(2) 连线全部完成，并检查无误后，再打开电源开关。

6.5.7　实验思考题

(1) 图 6.9 中，为什么 R_2 和 R_3 在变化时应尽量保持相等？

(2) 根据图 6.9，画出 u_{o1}、u_{o2}、u_{o3} 对应的波形图。

(3) 根据图 6.12，分析 R_A、R_B、R_{W2} 和电容 C 对输出信号频率的影响。

6.5.8　实验报告要求

(1) 画出完整的系统设计电路图，写出设计过程。

(2) 记录、整理实验数据。

(3) 记录实验中的故障排除情况及体会。

6.6　实验六　基于 SG3524 的开关稳压电源设计

6.6.1　实验目的

(1) 熟悉开关稳压电源的基本结构和工作原理。

(2) 掌握集成脉宽调制电路的使用方法。

(3) 掌握开关稳压电源主要性能指标的测试方法。

6.6.2　实验预习要求

(1) 复习开关稳压电源的基本结构和工作原理。

(2) 复习集成脉宽调制电路的使用方法。

(3) 根据要求，设计一个开关稳压电源。

6.6.3　实验仪器与设备

(1) 数字万用表：1 台；

(2) 双踪示波器：1 台；

(3)SG3524 芯片、三极管 2N5154、高频变压器、电阻、电容：若干。

6.6.4　实验原理

1. 基本原理

开关稳压电源就是采用功率半导体器件作为开关元件，通过周期性通断开关，控制开关元件的占空比来调整输出电压。开关稳压电源按其控制方式分为两种基本形式，一种是脉冲宽度调制(PWM)，另一种是频率调制(PFM)。其目前的开关电源大多采用 PWM 方式。若用 T 表示开关的脉冲周期，T_{on} 表示其导通时间，q 为脉冲电压的占空系数，串联开关型稳压电路输入与输出的关系为

$$U_o \approx \frac{T_{on}}{T}U_i = qU_i \tag{6.14}$$

脉宽调制器是这类开关电源的核心，它能产生频率固定而脉冲宽度可调的驱动信号，控制开关功率管的通断状态，从而来调节输出电压的高低，达到稳压的目的。

2. 开关电源的构成及典型应用

目前国内外生产的 PWM 型集成脉宽控制器已达上百种，下面以 SG3524 型集成控制器为例来说明其工作原理及其构成开关电源的典型应用。

(1)SG3524 的工作原理。

SG3524 是美国硅通用公司(SiliconGeneral) 生产的双端输出式脉宽调制器，工作频率高于 100 kHz，工作温度为 0 ～ 70 ℃，片内含有精确的参考电压源和误差放大器，具有过流和短路保护功能，PWM 占空比可任意调节，输入与 TTL 和 CMOS 电平兼容。

(2)SG3524 引脚简介。

SG3524 采用 DIP－16 封装，引脚排列如图 6.13 所示。

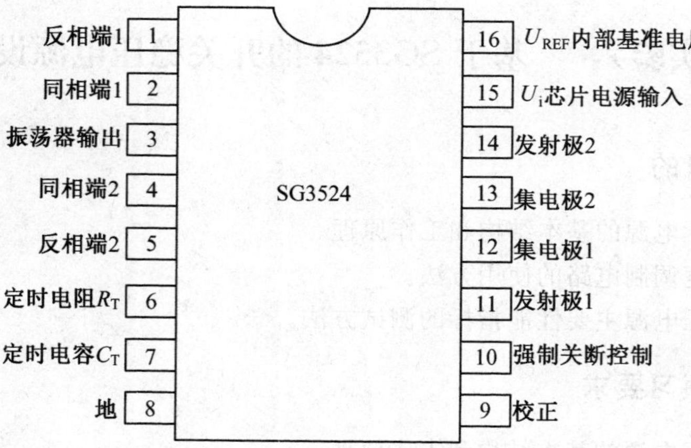

图 6.13　SG3524 的引脚排列图

(3) 用 SG3524 构成开关电源。

用 SG3524 可以构成不同用途的开关电源，与其他的控制电路配合，可构成各种设备开关电源。图 6.14 所示是用 SG3524 构成的双端推挽式输出＋5 V、5 A 开关电源的电路原理图。

管脚 6 和管脚 7 对地分别接有 R_5(2 kΩ) 和 C_2(10 nF)，可计算出其振荡频率约为 59 kHz。当 U_o 上升时，SG3524 内部误差电压上升，脉冲宽度将变窄，经输出电路迫使 U_o 下降，从而达到稳压目的。推挽式功率输出电路由 VT_1、VT_2 组成，采用三极管 2N5154。T 为高频变压器，一次侧的匝数为 20，二次侧的匝数为 5。VD_1、VD_2 采用肖特基二极管(BYW51)组成全波整流器。L(1 mH) 为滤波电感器，C_5(2 200 μF) 为滤波电容器。过流检测电阻器 R_7(0.1 Ω) 经管脚 4 引入过流保护电路，其大小决定输出电流的极限值。C_3(1 nF)、R_6(20 kΩ) 是误差放大器的频率补偿元件。

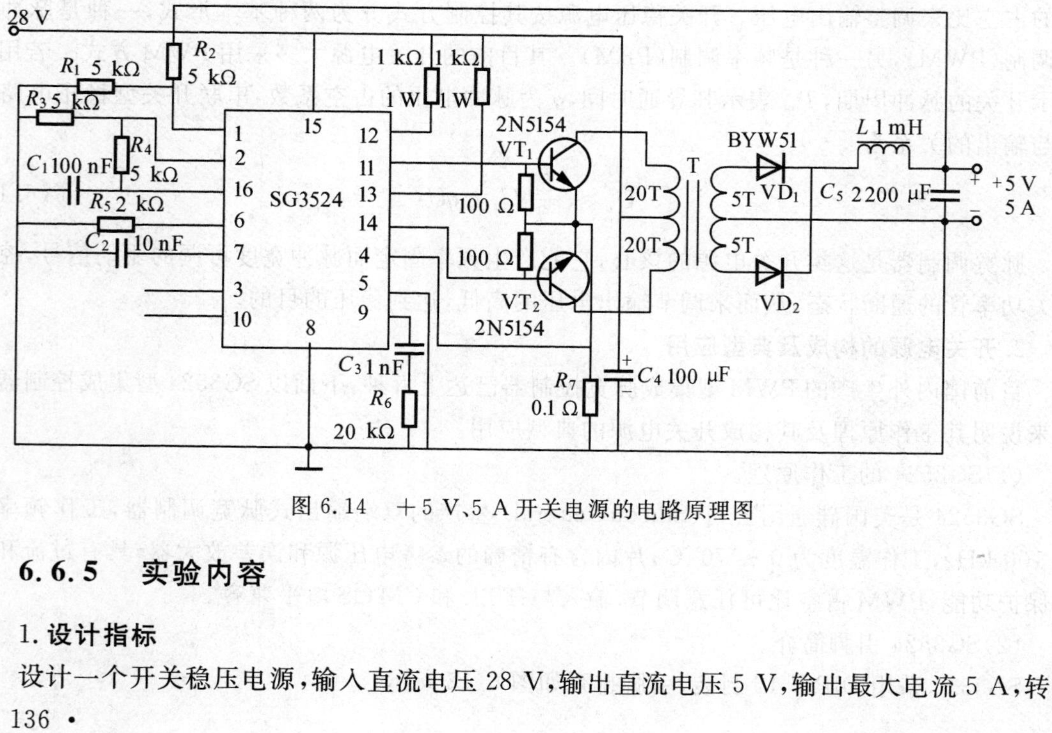

图 6.14　＋5 V、5 A 开关电源的电路原理图

6.6.5　实验内容

1. 设计指标

设计一个开关稳压电源，输入直流电压 28 V，输出直流电压 5 V，输出最大电流 5 A，转换

效率高于 80%，输出纹波电压小于 100 mV。

2. **设计步骤与要求**

(1) 根据参考电路及相关资料，确定实验电路图。

(2) 在实验电路板上组装电路图。

(3) 进行电路的调试和实验参数的测定。

6.6.6　实验注意事项

(1)SG3524 芯片及二极管、晶体管的各引脚正确接线。

(2) 高频变压器绕制，可选择 E 型磁芯，初、次级线圈应紧密耦合，均匀绕制。

6.6.7　实验思考题

(1) 说明图 6.14 所示电路的稳压原理。

(2) 如果 VT_1、VT_2 选取的三极管参数不同，会引起什么结果？

(3) 如果变压器初次级匝数不够，会引起什么结果？

6.6.8　实验报告要求

(1) 画出系统设计电路图，写出设计过程。

(2) 测试并记录开关电源的特性。

(3) 记录实验中的故障排除情况及体会。

6.7　实验七　数字电子时钟设计

6.7.1　实验目的和意义

(1) 熟悉数字系统的分析和设计方法。

(2) 熟悉合理选择集成电路的方法。

(3) 提高学生对电路的连接、检查及排除故障的能力。

(4) 培养学生正确选择仪器和进行测试的能力。

6.7.2　实验预习要求

(1) 复习数字系统的分析和设计方法。

(2) 按题目要求设计电路，并完成软件仿真分析。

6.7.3　实验仪器与设备

(1) 万用表：1 块；

(2) 示波器：1 台；

(3) 实验板(面包板或点阵式电路板，插元器件用)：1 块；

(4) 数字芯片、电阻、电容、晶振、导线：若干。

6.7.4 实验原理

数字钟是一种直接用数字显示时间的计时装置。它具有“时”、“分”、“秒”计时和显示时间功能。它由石英晶体振荡器、分频器、计数器、译码器、显示器和校时电路等组成。如图6.15所示，石英晶体振荡器产生的标准信号送入分频器，分频器将时钟信号分频为每秒一次的方波作为秒信号送入计数器进行计数，并将设计的结果以“时”、“分”、“秒”的数字显示出来。其中“秒”、“分”的显示数字由两级计数器、译码器和显示器组成的六十进制计数器实现。而“时”的显示器则由两级计数器、译码器和显示器组成的二十四进制计数器电路实现。

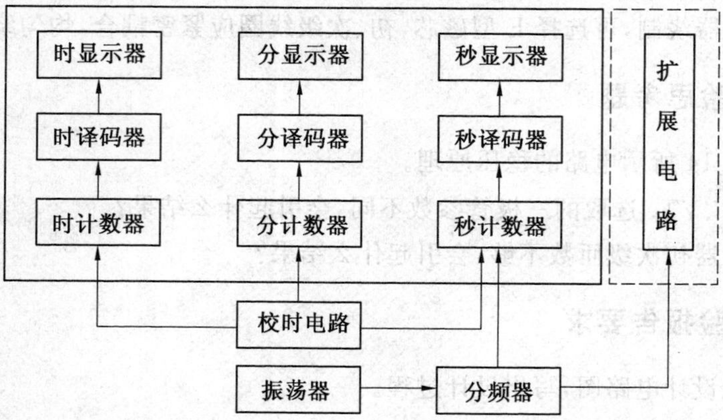

图 6.15　数字钟的原理方框图

1. **石英晶体振荡电路和分频电路**

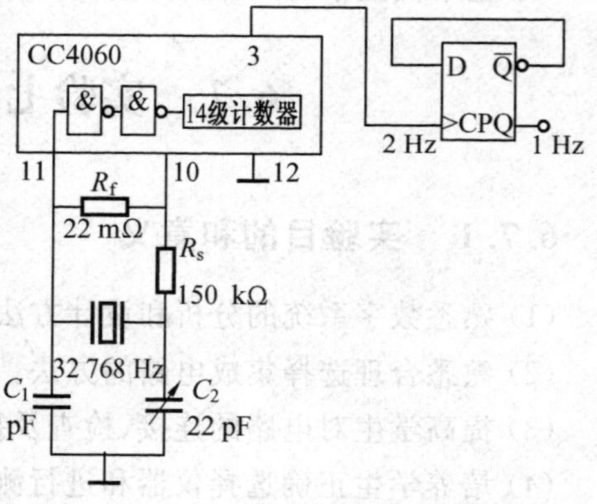

图 6.16　晶体振荡器和分频器

石英晶体振荡器是数字钟的核心部分。由于石英晶体振荡器的频率稳定度很高，因此，数字钟也有很高的计时准确度和稳定性。石英晶体振荡器的振荡频率一般很高，要经分频器分频，变为计时基本单位秒基准信号。图 6.16 所示石英脉冲源由 14 级二进制计数器 CC4060 和晶体、电阻、电容网络构成。CC4060 内部含有构成振荡器的门电路。通过外接元件构成了一个振荡频率为 32 768 Hz 的典型石英晶体振荡器。该脉冲源的输出直接送到 14 级计数器，在输出端可以得到 0.5 s 脉冲，将 0.5 s 脉冲输入到 D 触发器构成的一位二进制分频器的 CP 端，在输出端得到 1 Hz 的信号。调节 C_2 可以校准秒信号。

2. **计数电路**

分、秒计数器都是六十进制，个位为十进制，十位为六进制。因此六十进制的分计数器和秒计数器都可以分别用两个计数器组合而成，第一块计数器是十进制计数器，作为个位计数。第二块计数器是六进制计数器，作为十位计数。时计数器是二十四进制，但时个位为四进制，十位为二进制。

六十进制和二十四进制计数器都采用 74LS196 块来实现，采用反馈归零法实现。（本实验也可以采用 74LS160、74LS290、74LS192 等其他计数器来完成）

3. **译码、显示电路**

数字显示电路是数字电路中的一部分，通常由译码器、驱动器和显示器等部分组成。译码就是把给定的代码进行翻译，变成相应的状态，用于驱动 LED 七段数码管，只要在它的输入端输入 8421 码，七段数码管就能显示十进制数字。实验中的译码电路采用 74LS247/48，其功能是将"时""分""秒" 计数器中计数的状态(8421BCD 码) 翻译成七段数码管来显示十进制所要求的电信号，然后经数码显示器，把数字显示出来。

4. **校时电路**

数字钟原理总图如图 6.17 所示。

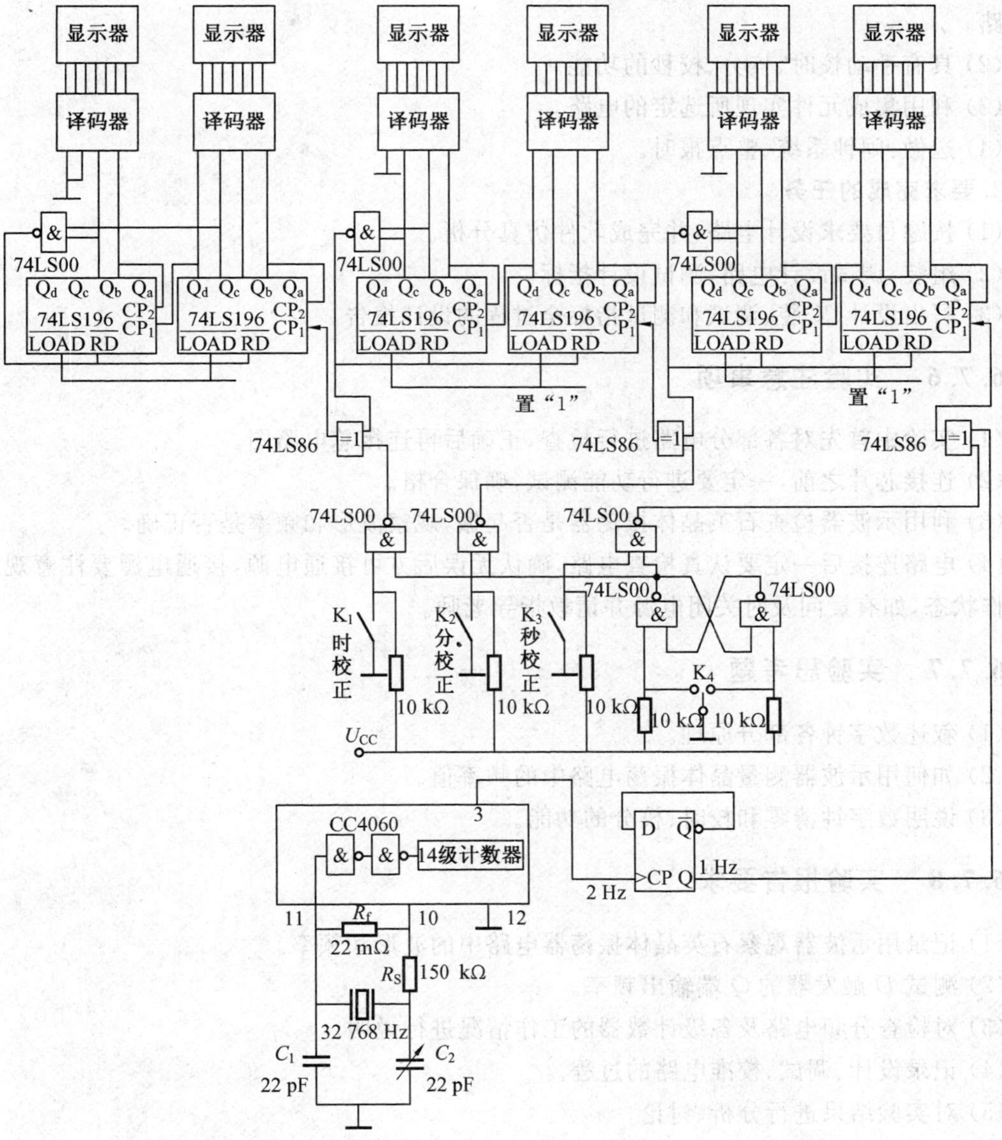

图 6.17　数字钟原理总图

当刚通电源或者时钟走时出现误差时，都需要进行时间的校准，校时是数字钟应具备的基本功能。校时电路中所示 K_1、K_2、K_3 接到电平开关。K_4 接 Sf 开关。门 3 和门 4 组成基本 *RS* 触发器，以防止开关抖动。K_1、K_2、K_3 分别用于实现对时、分、秒的校准。

工作过程：当 K_1 打开时，用手拨动 K_4 开关，当手来回拨动一次，就增加 1。根据需要去拨动开关的次数。当时间调准后，K_1 即闭合。校分时 K_2 打开，校秒时 K_3 打开，方法与校时相同。

6.7.5 实验内容

1. 设计要求及技术指标

(1) 设计一个具有"时"(显示 00—23)、"分"(显示 00—59)、"秒"(显示 00—59) 数字显示的电路。

(2) 具有手动校时、校分、校秒的功能。

(3) 利用集成元件实现所选定的电路。

(4) 选做：闹钟系统、整点报时。

2. 要求完成的任务

(1) 按题目要求设计电路，并完成软件仿真分析。

(2) 组装，调试设计电路，测试设计指标。

(3) 写出设计、安装、调试和测试指标全过程的设计报告。

6.7.6 实验注意事项

(1) 实验中首先对各部分电路进行检查，正确后再连接总电路图。

(2) 连接芯片之前，一定要进行功能测试，确保合格。

(3) 利用示波器检查石英晶体振荡器是否起振，观察波形和频率是否正确。

(4) 电路连接后一定要认真检查电路，确认无误后方可接通电源，接通电源要注意观察电路工作状态，如有疑问及时关闭电源并请教指导老师。

6.7.7 实验思考题

(1) 叙述数字钟各部分原理。

(2) 如何用示波器测量晶体振荡电路中的频率值。

(3) 说明数字钟清零和校时、校分的功能。

6.7.8 实验报告要求

(1) 记录用示波器观察石英晶体振荡器电路中的波形和频率。

(2) 测试 *D* 触发器的 *Q* 端输出频率。

(3) 对检查分频电路及各级计数器的工作情况进行说明。

(4) 记录设计、调试、校准电路的过程。

(5) 对实验结果进行分析、讨论。

6.8　实验八　8 路循环彩灯电路设计

6.8.1　实验目的和意义

(1) 加强电工电子技术课程理论知识的理解和应用。

(2) 掌握电子电路的一般设计方法。

(3) 掌握继电器的功能及应用。

6.8.2　实验预习要求

(1) 复习数字系统的分析和设计方法。

(2) 按题目要求设计电路，并完成软件仿真分析。

6.8.3　实验仪器与设备

(1) 万用表：1 块；

(2) 示波器：1 台；

(3) 实验板（面包板或点阵式电路板，插元器件用）：1 块；

(4) 数字芯片、电阻、电容、晶体管、三端稳压器、交流固态继电器、电源变压器、开关、四位拨动开关、导线：若干。

6.8.4　实验原理

1. 时钟信号发生器

时钟信号发生器主要用来产生脉冲信号，所以可以采用 555 定时器组成多谐振荡器，其输出脉冲作为下一级的时钟信号。555 定时器主要是与电阻、电容构成充放电电路，并由两个比较器来检测电容器上的电压，以确定输出电平的高低和放电开关管的通断。这就很方便地构成从微秒到数十分钟的延时电路。用 555 定时器的输出接到移位寄存器的 *CP* 时钟脉冲端即可获得较高精度的振荡频率和具有较强的功率输出能力。因此这种形式的多谐振荡器应用很广。

2. 移位寄存器

移位寄存器是一个具有移位功能的寄存器，是指寄存器中所存的代码能够在移位脉冲的作用下依次左移或右移。既能左移又能右移的称为双向移位寄存器，只需要改变左、右移的控制信号便可实现双向移位要求。根据移位寄存器存取信息的方式不同分为串入串出、串入并出、并入串出和并入并出四种形式。如中规模集成电路 74LS194 就是具有左移、右移位，清零，数据并入 / 并出、串出等多功能的移位寄存器。

3. 开关控制电路

在电路中为了实现左右交替移动，设计由非门、或门和电阻组成的控制电路（参考图 6.18），并且由选择开关 S_4、S_5 控制。工作过程：

(1) 当 S_5 接高电平时，无论 S_4 接高还是低电平，D_3、D_4 输出均为“1”，对应的 S_0、S_1 也均为“1”，移位寄存器的状态为预置数。

(2) 当 S_5 接低电平，S_4 接高电平时，则 D_3、D_4 输出均为“0、1”，对应的 S_0、S_1 也均为“0、1”，移位寄存器左移。

(3) 当 S_5 接低电平，S_4 接低电平时，则 D_3、D_4 输出均为“1、0”，对应的 S_0、S_1 也均为“1、0”，移位寄存器右移。

4. 预置数设置状态

当 S_5 接高电平时，由于 D_1、D_2 的输出端分别经过 D_3、D_4 至 S_0、S_1 端，D_3、D_4 的输出均为“1”，此时为预置数输入。双向移位寄存器的初始状态由 S_2 和 S_3 预置，将预置数输入，其输出端 $Q_0 \sim Q_7$ 的状态(彩灯 $H_1 \sim H_8$ 点亮状态)即等于预置数。然后在 CP 脉冲的作用下移动。

5. 彩灯显示电路

彩灯控制电路的原理图如图 6.18 所示。

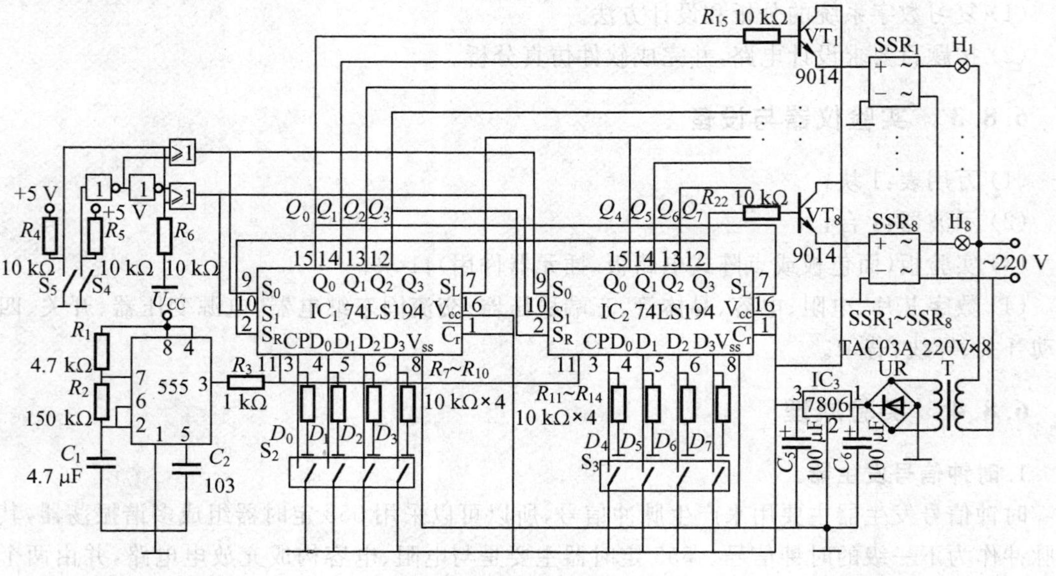

图 6.18　彩灯控制电路的原理图

IC_1 和 IC_2 组成 8 位双向移位寄存器。双向移位寄存器 8 个输出端 $Q_0 \sim Q_7$ 分别通过缓冲晶体管 $VT_1 \sim VT_8$ 控制 8 个交流固态继电器 $SSR_1 \sim SSR_8$。交流固态继电器内部采用光耦合器传递控制信号，双向晶闸管为控制器件，具备全部的电隔离性能。当 IC_1 中的 $Q_0=0$ 时，经过 R_{15} 使缓冲晶闸管 VT_1 导通，电源电压控制加至 SSR_1 的输入端，SSR_1 两输出端间导通，彩灯 H_1 亮。当 IC_1 中的 $Q_0=0$ 时，VT_1 截止，SSR_1 因无控制电压则两输出端截止，彩灯灭。其他输出端道理相同。由于 $Q_0 \sim Q_7$ 的状态在时钟脉冲 CP 的作用下不停移位，所以点亮的彩灯 $H_1 \sim H_8$ 循环。

6.8.5　实验内容

1. 设计要求

(1) 用中规模集成电路组成 8 位双向移位寄存器，控制 8 路彩灯按一定规律闪亮。

(2) 用 555 定时器构成多谐振荡器，为移位寄存器提供工作时钟脉冲。

(3) 用开关等组成预置数控制电路，控制 8 位寄存器的初始状态，即 8 路彩灯的起始状态。

(4) 用非门、或门和开关等组成电路，控制移位寄存器预置数、左移和右移。

(5) 晶体管和交流固态继电器构成 8 路驱动电路，在移位寄存器输出信号的控制下，驱动 8 路彩灯。

(6) 用三端稳压器、变压器和整流桥等构成电源电路，为控制电路提供 +6 V 的工作电压。

2. 调试过程安排

(1) 合理布局，接好线路后检查无误再接通电源。

(2) 采用功能分块调试的方法，每块功能调节实现后，再进行整体连接调试。

(3) 调试时可以将 74LS194 的 8 个输出端接发光二极管进行测试。

6.8.6　实验注意事项

(1) 熟悉仪器和元器件的使用及规则。

(2) 连接电路之前，一定要测试移位寄存器的逻辑功能。

(3) 严禁带电接线、拆线或改接线路。接好线后检查无误再接通电源进行实验。

6.8.7　实验思考题

(1) 说明用 555 定时器提供脉冲信号的方法。

(2) 如何设置双向移位寄存器的初始状态？

(3) 怎样改变控制信号，实现左、右交替移位要求？

6.8.8　实验报告要求

(1) 整理实验数据，列出所选用集成元件的功能表。

(2) 写出实验电路的设计过程，并画出电路图。

(3) 分析实验中的现象、操作中遇到的问题和排除故障的方法。

6.9　实验九　倒计时电路设计

6.9.1　实验目的和意义

(1) 掌握中规模集成电路计数器的功能及应用。

(2) 掌握中规模集成电路译码器的功能及应用。

(3) 培养数字电路设计的能力。

6.9.2　实验预习要求

(1) 复习数字系统的分析和设计方法。

(2) 掌握中规模集成电路计数器、译码器的功能及应用。

(3) 按题目要求设计电路，并完成软件仿真分析。

6.9.3　实验仪器与设备

(1) 万用表：1 块；

(2) 示波器:1 台;

(3) 实验电路板(面包板或点阵式电路板,插元器件用):1 块;

(4) 元器件:集成元件、电阻、电容、晶体管、LED数码管、5 V蜂鸣器、按钮、四位拨动开关、导线若干。

6.9.4 实验原理

倒计时电路的框图如图 6.19 所示,原理图如图 6.20 所示。

1. **秒脉冲发生器**

由 555 定时器和外接元件 R_1、R_2、C 组成多谐振荡器,产生秒脉冲信号。输出脉冲的频率约为 1 Hz。

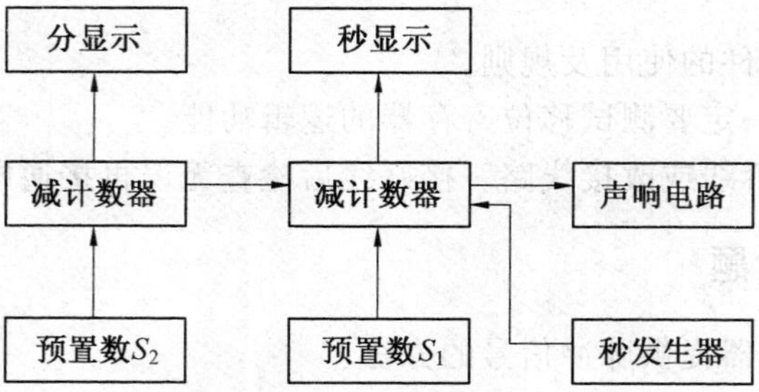

图 6.19 倒计时电路的框图

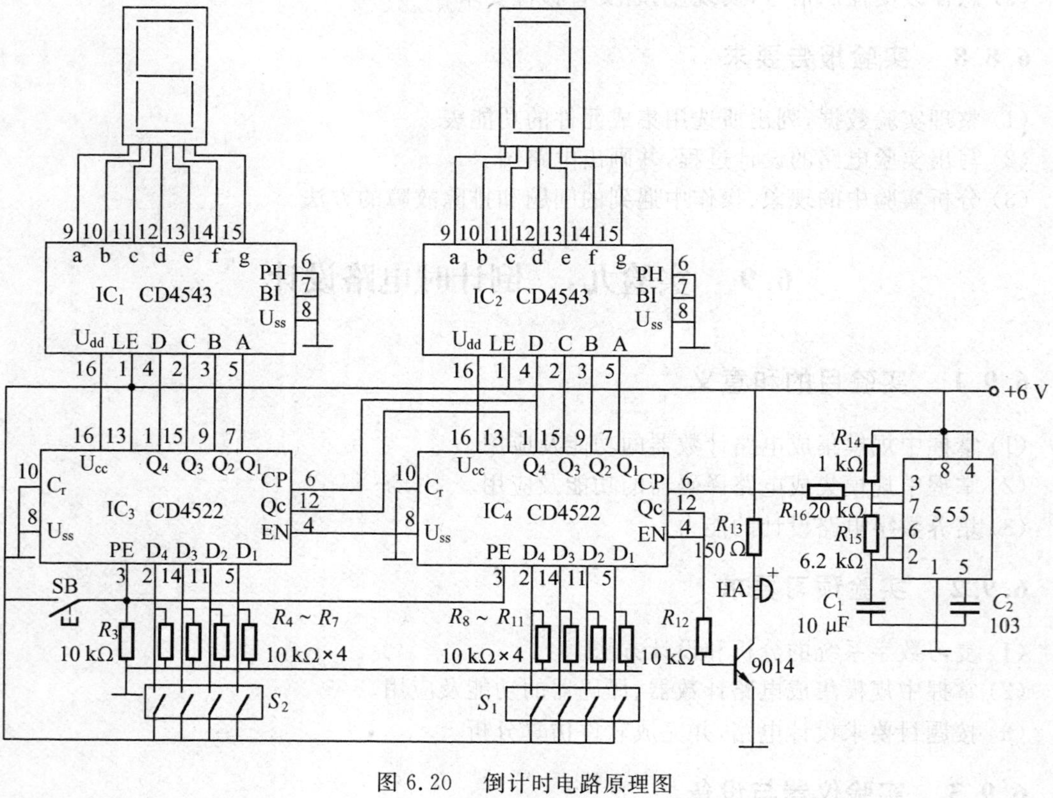

图 6.20 倒计时电路原理图

2. **计数器**

CD4522 是可预置数的二一十进制计数器，它不需要外接门电路即可实现 $N(N=1\sim10)$ 计数分频。CD4522 引脚功能说明见表 6.2。控制端功能如下：PE 为预置数端，$PE=1$ 时，$D_1\sim D_4$ 值置入计数器（定时器）；EN 为使能端，$EN=0$，且 CP 有计数脉冲时，计数器 $Q_1\sim Q_4$ 减计数；CF 为级联反馈端，$CF=1$，且计数器 $Q_1\sim Q_4$ 减到零时，$Q_C=1$（分频）；C_r 为清零端，$C_r=1$ 时，计数器清零。

表 6.2　CD4522 引脚功能说明

引脚名称	说明	引脚名称	说明
U_{DD}	正电源	Q_C	进位信号输出端
U_{SS}	地	C_r	清零端
$D_1\sim D_4$	预置端	CF	级联反馈端
$Q_1\sim Q_4$	计数器输出端	EN	使能端
CP	时钟输入端	PE	预置数端

3. **译码器和显示电路**

用两个共阴极 LED 数码管作为倒计时显示器的数字显示；用 CD4543 作为译码驱动电路；它有四个输入端：A、B、C、D 与计数器的输出端相连；有七个数码管段输出驱动端 $a\sim g$。如果 $LE=1$ 时，数据传输至输出端；如果 $LE=0$ 时，数据被锁存。BI 为灭灯输入端，又称为消隐输入端，如果 $BI=1$ 时显示消隐；$BI=0$ 时显示器正常显示。译码器 CD4543 可以驱动共阴、共阳两种数码管，使用时，若 $PH=1$，则驱动共阳极的 LED 数码管；若 $PH=0$，则驱动共阴极的 LED 数码管。

4. **电路工作过程**

当按下启动按钮 SB 后，则高电平接到 IC_3 和 IC_4 的 PE 端，使得 S_1 与 S_2 在设定的预置数进入减计数器，数码管显示出该预置数。然后减计数器在时钟脉冲 CP 作用下完成减法计数，数码管按同步显示（$PE=0$）。当倒计时结束，减计数器显示 00 时，IC_4 的 Q_C 端输出高电平，晶体管导通，蜂鸣器得电发出提示音。

5. **设定预置数**

由于 S_1、S_2 等组成两位预置数设定电路，拨动开关 S_2（十位）和 S_1（个位）设定预置时间数，为 8421 码。例如：S_2 设定为"0110"=6，S_1 设定为"1000"=8，所设定的预置时间是 68 s。根据要求也可以自己设定预置时间。

6.9.5　实验内容

1. **设计要求及技术指标**

(1) 由 555 作为振荡电路、计数器、译码器、显示电路和报警功能构成计时电路。

(2) 用 CD4522 可预置数减法计数器；用 CD4543 作为译码器驱动电路。

(3) 用两个共阴极 LED 数码管为倒计时显示时间的变化。

2. **调试过程安排**

(1) 采用分块连接调试的方法，将系统按照功能分成几块分别进行调试。

(2) 每一部分调试功能实现后再进行全部的电路连接调试。

6.9.6　实验注意事项

(1) 合理布局,认真接线路,经检查无误后再接通电源。
(2) 用 555 定时器提供工作时钟脉冲,以满足精度要求。
(3) 集成电路的电源与接地线不要短接或反接。

6.9.7　实验思考题

(1) 如何设定倒计时电路中的预置数?
(2) 说明电路中 CD4522 的功能和减法计数器工作过程。
(3) 叙述 CD4543 驱动共阴、共阳极两种数码管的方法,本实验采用哪种接法?

6.9.8　实验报告要求

(1) 总结集成元件 CD4522 和 CD4543 的功能表。
(2) 正确画出各步骤的实验电路图,列表整理实验数据。
(3) 写出设计、安装、调试、测试指标全过程的设计报告。
(4) 对实验结果进行分析。

6.10　实验十　汽车尾灯控制电路设计

6.10.1　实验目的和意义

(1) 掌握译码器的逻辑功能。
(2) 掌握数字控制电路的设计方法。

6.10.2　实验预习要求

(1) 复习译码器的逻辑功能。
(2) 复习数字控制电路的设计方法。
(3) 按题目要求设计电路,并完成软件仿真分析。

6.10.3　实验仪器与设备

(1) 万用表:1 块;
(2) 示波器:1 台;
(3) 实验电路板(面包板或点阵式电路板、插元器件用):1 块;
(4) 集成元件、电阻、发光二极管、导线:若干。

6.10.4　实验原理

1.汽车尾灯控制电路

其原理框图如图 6.21 所示。

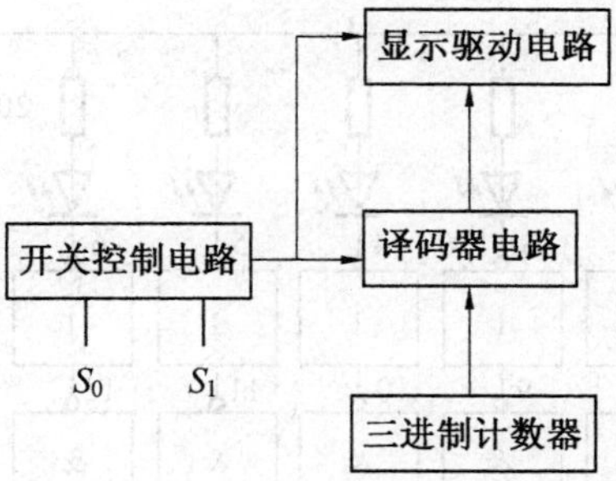

图 6.21　汽车尾灯控制电路原理框图

2. 尾灯与汽车运行状态

根据设计要求列出汽车尾灯运行状态、功能表(表 6.3、6.4、6.5)。

表 6.3　尾灯与汽车运行状态关系表

开关控制	运行状态	左尾灯	右尾灯
S_1 S_0		D_4 D_5 D_6	D_1 D_2 D_3
0 0	正常运行	灯灭	灯灭
0 1	右转弯	灯灭	按 $D_1D_2D_3$ 顺序循环点亮
1 0	左转弯	按 $D_4D_5D_6$ 顺序循环点亮	灯灭
1 1	临时刹车	所有的尾灯随时钟 CP 同时闪烁	

表 6.4　汽车尾灯控制逻辑功能表

开关控制		三进制计数器		六个指示灯					
S_1	S_0	Q_1	Q_0	D_6	D_5	D_4	D_1	D_2	D_3
0	0	×	×	0	0	0	0	0	0
		0	0	0	0	0	1	0	0
0	1	0	1	0	0	0	0	1	0
		1	0	0	0	0	0	0	1
		0	0	0	0	1	0	0	0
1	0	0	1	0	1	0	0	0	0
		1	0	1	0	0	0	0	0
1	1	×	×	cp	cp	cp	cp	cp	cp

表 6.5　S_1、S_0、CP 与 G、A 逻辑功能表

开关控制		CP	使能信号	
S_1	S_0		G	A
0	0	×	0	1
0	1	×	1	1
1	0	×	1	1
1	1	CP	0	CP

3. 设计总体框图

汽车尾灯总体电路如图 6.22 所示。

由于汽车左右转弯时，三个指示灯循环点亮，所以用三进制计数器控制译码器电路顺序输

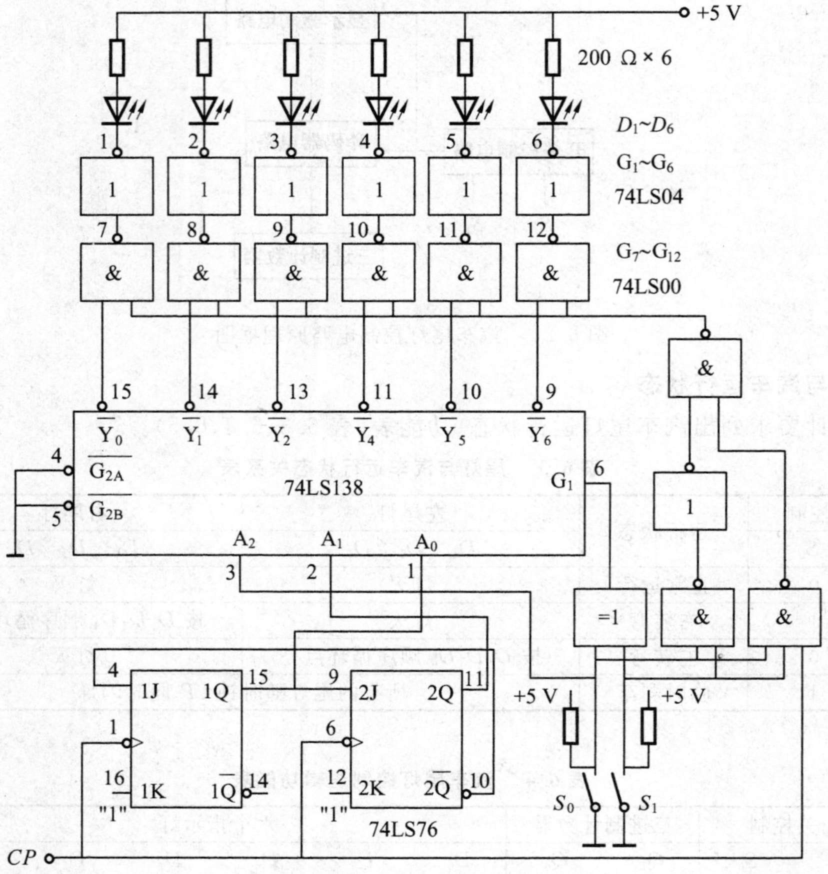

图 6.22　汽车尾灯总体电路

出低电平，从而控制尾灯按要求点亮。由此得出在每种运行状态下，各指示灯与各给定条件（S_1，S_0，CP，Q_1，Q_0）的关系，根据表 6.3 和 6.4 尾灯与汽车运行状态关系表及功能表做实验。

(1) 开关控制电路。

设 74LS138 和显示驱动电路的使能控制信号分别为 G 和 A。根据总体逻辑功能表分析及组合得 G、A 与给定（S_1，S_0，CP）的真值表。由表 6.5 经过整理得逻辑表达式为

$$G = S_1 \oplus S_0 \tag{6.15}$$

$$A = S_1 S_0 + S_1 S_0 CP = S_1 S_0 \cdot \overline{S_1 S_0 CP} \tag{6.16}$$

(2) 汽车尾灯电路中其显示驱动电路由 6 个发光二极管和 6 个反相器构成；译码电路由 3 线－8 线译码器 74LS138 和 6 个与非门构成。74LS138 的三个输入端 A_2，A_1，A_0 分别接 S_0，Q_1，Q_0 而 Q_1，Q_0 是三进制计数器的输出端。当 $S_0=0$，能使信号 $A=G=1$，计数器的状态为 00，01，10 时，74LS138 对应的输出端 $\overline{Y_0}$，$\overline{Y_1}$，$\overline{Y_2}$ 依次为 0 有效（$\overline{Y_4}$，$\overline{Y_5}$，$\overline{Y_6}$ 信号为“1”无效)，即反相器 $G_1 \sim G_3$ 的输出端也依次为 0，故指示灯 $D_1 \rightarrow D_2 \rightarrow D_3$ 按顺序点亮，示意汽车右转弯。若上述条件不变，而 $S_0=1$，则 74LS138 对应的输出 $\overline{Y_4}$，$\overline{Y_5}$，$\overline{Y_6}$ 依次为 0 有效，即反向器 $G_4 \sim G_6$ 的输出依次为 0，故指示灯 $D_4 \rightarrow D_5 \rightarrow D_6$ 按顺序点亮，示意汽车左转弯。当 $G=0$，$A=1$ 时，74LS138 的输出端全为 1，$G_6 \sim G_1$ 的输出端也全 1，指示灯全灭；当 $G=0$，$A=CP$ 时指示灯随 CP 的频率闪烁。

6.10.5　实验内容

1. 设计要求及技术指标

(1) 设计要求。

假设汽车尾部左右两侧各有 3 个指示灯(用发光二极管模拟)。汽车正常运行时指示灯全灭;右转弯时,右侧 3 个指示灯按右循环顺序点亮;左转弯时,左侧 3 个指示灯按左循环顺序点亮;临时刹车时所有指示灯同时闪烁。

(2) 设计单元电路。

三进制计数器电路可由双 JK 触发器 74LS76 构成。开关控制电路由 74LS00,74LS04,74LS10,74LS86 构成。译码器电路由 74LS138 构成。驱动电路由 6 个与非门,非门、电阻及发光二极管构成。

2. 调试过程安排

(1) 验证各集成元件的逻辑功能。

(2) 将系统按功能分块进行连接调试。

①74LS76 连接三进制计数器,输出 Q_0,Q_1 分别接指示灯,CP_1 接连续 1 Hz 脉冲,观察变化规律。

② 译码器电路 74LS138 的三个输入端 A_2、A_1、A_0 分别接逻辑电平开关,观察输出。

③ 连接驱动电路并检查电路的工作状态。

(3) 列出验证功能表,将调试好的各部分连接成系统,进行整体调试。

6.10.6　实验注意事项

(1) 了解各集成元件电源和地的接法。

(2) 严禁带电接线、拆线或改接线路。实验线路接好,检查无误后接通电源进行实验。

(3) 注意集成电路的引脚闲置输入端的处理。

6.10.7　实验思考题

(1) 叙述开关控制电路的检查方法。

(2) 实验中如果汽车尾灯不能进行左、右循环时,如何检查电路?

(3) 三进制计数器电路连接好后,如何检查是否正确?

6.10.8　实验报告要求

(1) 根据实验要求总结并列出各逻辑功能表。

(2) 画出汽车尾灯单元电路及主体电路图,写出设计过程。

(3) 实验过程中故障现象及解决的方法。

参 考 文 献

[1] 吴建强.电工学新技术实践[M]. 2版.北京:机械工业出版社,2009.
[2] 张玲霞,等.电工电子实验教程[M]. 哈尔滨:哈尔滨工业大学出版社,2011.
[3] 孟贵华,孟钰宇.电子元器件选用快速入门[M].北京:机械工业出版社,2009.
[4] 杨治杰.电子元器件选用与检测一本通[M].北京:化学工业出版社,2009.
[5] 沈小丰,余琼蓉.电子线路实验[M].北京:清华大学出版社,2008.
[6] 梅开乡,梅军进.电子电路实验[M].北京:北京理工大学出版社,2010.
[7] 张保华.模拟电路实验基础[M].上海:同济大学出版社,2007.
[8] 路勇.电子电路实验及仿真[M].2版.北京:清华大学出版社,北京交通大学出版社,2010.
[9] 李毅,谢松云,等.数字电子技术实验[M]. 西安:西北工业大学出版社,2009.
[10] 姚彬.电子元器件与电子实习实训教程[M].北京:机械工业出版社,2011.
[11] 秦曾煌.电工学:上、下册[M].7版.北京:高等教育出版社,2009.
[12] 童诗白,华成英.模拟电子技术基础[M].3版.北京:高等教育出版社,2001.
[13] 邓元庆,贾鹏.数字电路与系统设计[M].西安:西安电子科技大学出版社,2008.